JN076492

改訂版

コンクリート構造物の
電気防食

Cathodic Protection of Steel Reinforced Concrete

監修

山口 明伸
●鹿児島大学
教授　博士（工学）

皆川 浩
●東北大学
准教授　博士（工学）

日本エルガード協会 編

新建新聞社

執筆者

日本エルガード協会　Q&A とりまとめワーキンググループ (WG)

WG リーダー

小笠原 哲也（五洋建設 株式会社）

WG メンバー（50 音順）

加納 伸人（株式会社 ナカボーテック）　　末岡 英二（東洋建設 株式会社）

畑 克実（株式会社 ナカボーテック）　　藤原 保久（三井住友建設 株式会社）

宮沢 明良（東亜建設工業 株式会社）　　山本 誠（住友大阪セメント 株式会社）

湯地 輝（東洋建設 株式会社）　　若杉 三紀夫（株式会社 ケミカル工事）

WG メンバー（事務局）

峰松 敏和（日本エルガード協会）　　赤澤 一彰（日本エルガード協会）

委員

高木 祐介（株式会社 IHI インフラ建設）　　三村 典正（ショーボンド建設 株式会社）

水谷 征治（東洋建設 株式会社）　　小楠 元久（三井住友建設 株式会社）

清水 宏一朗（三井住友建設 株式会社）　　中谷 光希（株式会社 日本ピーエス）

壹岐 直之（若築建設 株式会社）　　秋山 哲治（若築建設 株式会社）

城者 孝文（株式会社 SNC）　　吉田 直彦（株式会社 SNC）

福田 知弘（株式会社 エステック）　　松居 良美（株式会社 エステック）

小林 厚史（日本防蝕工業 株式会社）　　中村 貴毅（日本防蝕工業 株式会社）

川本 幸広（株式会社 ニューテック康和）　　加納 淳郎（株式会社 ケミカル工事）

敬称略　所属会社は委員活動時の所属会社

推薦のことば

東洋大学 名誉教授
福手 勤 ふくて・つとむ

　笹子トンネル天井版落下事故を契機に，政府は 2013 年を「メンテナンス元年」と位置づけ，「インフラ長寿命化基本計画」を閣議決定しました。これを受けて各省庁は「行動計画」を策定するとともに，総務省は地方自治体に「公共施設等総合管理計画」の策定を要請しました。その一環として，施設の管理者に対して橋梁，トンネル，港湾施設などに 5 年に一度の近接目視を義務付けました。またこの間「事後保全から予防保全へギアシフトしたメンテナンスの重要性」が，以前にも増して指摘されてきたのはご存知の通りです。

　さらに 2021 年に閣議決定された「第 5 次社会資本整備重点計画」や，2022 年に策定された「第 5 期　国土交通省技術基本計画」においては，「防災・減災が主流となる社会の実現」などとともに「持続可能なインフラメンテナンス」が重点目標・重点課題として挙げられています。

　一方，この間のデジタル技術，IT 技術，AI 分野の進歩は著しく，その果実をインフラメンテナンスに活用したり，BIM ／ CIM といった計画・設計・施工・維持管理までのインフラのライフサイクルを，デジタル情報を介して総合的に管理しようとする機運も高まってきました。

　電気防食工法は，金属が錆びることを「電気の力」によって根本的に制御し，電流，電位などのデジタル情報を通じて管理する方法です。そのため遠隔地からモニターし，それを管理することで信頼性の高い防食効果を得ることができる工法であります。このことから，デジタル時代の要請に応えつつ，過酷な使用環境にあるインフラの機能を長期にわたって維持することができる技術であると言えます。

　本書は，電気防食の拠り所となる「電気化学」など，インフラを管理する一般の技術者にはなじみが薄い分野の基礎を解説した後，電気防食工法の設計・施工・維持管理までを系統的に Q&A 方式で分かりやすく丁寧に解説しています。本書が，多くの方が電気防食工法の理解を深めるための一助となり，インフラの予防保全・長寿命化を通じた国土の強靭化，安全・安心な社会の構築に寄与することを期待しています。

推薦のことば

京都大学 名誉教授
宮川 豊章 みやがわ・とよあき

　コンクリート構造物は適切に設計・施工・維持管理すればきわめて長持ちして市民社会を支え，市民社会を丈夫で美しく長持ちさせるものです。しかし，適切ではなく設計・施工・維持管理されたような場合や，当初想定されていたよりはるかに厳しい供用環境になっているような場合，またきわめて超長期の供用期間となった場合などでは変状，つまり劣化が生じ補修・補強などの対策が必要となります。その昔は，コンクリート構造物は維持管理不要な永久構造物と勘違いしている人もいましたが，そうではないのです。

　コンクリート構造物はいろんなメカニズムで劣化します。劣化の中でも比較的よく見られ，しかも厳しいものが塩害できわめて一般的なものは中性化で，両者ともにコンクリート中の鉄筋，鋼材の腐食が問題となります。この腐食問題に対して最も頼りになるのが電気化学的防食工法です。電気防食はその中で最も実績の多い工法と言ってよいでしょう。

　電気防食工法は私のようなコンクリート屋が一般的に最も不得意とする電気と化学にかかわる技術なので，尻込みされる方も多いようです。そのような方でも分かりやすいように Q&A 形式で説明したものが 2008 年に発刊された“最新 コンクリート構造物の電気防食 Q&A”でした。この書は電気防食の基本的な情報が吟味され網羅された良書で，広く読まれてきました。しかし，発刊から 15 年が経過し修正あるいは加筆した方が良い部分も出てきました。そこでブラッシュ・アップした成果がこの改訂版です。

　塩害とは何かをはじめとする基礎編からはじまり，電気化学的防食工法とは何かをはじめとする入門編，そして実務的な内容を含む設計編，施工編，維持管理編と種々のレベルの情報が Q&A 形式で紹介されています。本書を普通にお読みいただくことはもちろん，疑問を感じられた時に本書をご利用いただくなど，電気防食をうまく使いこなされることに役立つものと思います。本書がコンクリート構造物を丈夫で美しく長持ちさせることに役立つことを願っています。

監修者のことば

鹿児島大学 教授
山口 明伸 やまぐち・としのぶ

　電気防食工法とは，電気化学的作用によってコンクリート中の鋼材腐食の進行を直接的に制御・抑制する抜本的な工法であり，既に多くの実績によりその有効性が示されています。しかし，適切な運用がなされなかった場合には，期待した効果が得られないばかりか逆に劣化を早めてしまうこともあり得ます。電気防食工法がその実力を遺憾なく発揮するためには，それに携わる技術者や実務者がその仕組みを正しく理解したうえで，設計，施工，維持管理の各段階を適切に実施することが必要不可欠です。本書では，鉄筋腐食や電気防食の基礎知識から電気防食工法を適用する際に考慮すべき事項や留意点までをＱ＆Ａの形式で簡潔に分かりやすく解説しています。電気防食工法をこれから学ぶ初学者はもちろん，発注，設計，施工，維持管理の各ステージに携わる技術者や実務者にとっても役立つ最新の知識とノウハウが詰め込まれている一冊です。本書が，電気防食工法に関する知識と理解を深める助けとなるとともに，そのさらなる普及によって構造物の長寿命化につながれば幸いです。

監修者のことば

東北大学 准教授
皆川 浩 みながわ・ひろし

　19世紀に鉄筋コンクリートやプレストレストコンクリートの技法が登場して以降，数多のコンクリート構造物が建設され，文明社会を下支えしています。それらの構造物の中には過酷な塩害環境下に建造されたものもあり，コンクリート内部の鋼材の腐食が問題となっているものもあります。電気防食工法は鋼材腐食に対して極めて有効な対策工法であり，その防食メカニズムも明確です。一方で，土木技術者にとってはなじみの薄い用語や考え方が多く，ややもすると理解が困難な技術と思われがちです。本書は電気防食工法に対する疑問や分かりにくい点に正面から向き合って執筆されたものであり，読者の電気防食工法に対する理解を助けるものです。本書が鋼材腐食が問題となるコンクリート構造物の維持管理に携わる方々の一助となり，ひいては健全な社会基盤の維持に貢献できれば幸いに思います。

CONTENTS

1章　基礎編

2章 入門編

CONTENTS

3章　設計編

4章　施工編

CONTENTS

5章　維持管理編

※本文内では団体名を以下のように省略しています

正式名称		略称
公益社団法人 土木学会	⇒	土木学会
公益社団法人 日本コンクリート工学会	⇒	日本コンクリート工学会
公益社団法人 日本道路協会	⇒	日本道路協会
一般財団法人 土木研究センター	⇒	土木研究センター
一般財団法人 沿岸技術研究センター	⇒	沿岸技術研究センター
東京港埠頭 株式会社	⇒	東京港埠頭（株）

Column

凡例

① 「参照する項目」表示について

| 入門編 Question **13** | 電気防食は他の補修工法や補強工法と併用できますか？ |

関連 → 入門編 Question **06**

入門編 Q12 Q13

Answer

電気防食工法と他の補修・補強工法との併用は可能です。

しかし，電気防食を他の補修・補強工法と併用する場合，その構造物にとって，どの対策に緊急性があるのかを判断しなければなりません。残存予定供用期間や第三者影響度を考慮し，延命させた方がよいのか，更新するのがよいのかによっても適否が変わります。電気防食はあくまでも鋼材の腐食を抑制する補修工法です。補強が必要な場合には，当該構造物に必要な補強工法を併用できるかを検討しなければなりません。

一方，電気防食の施工時に実施する補修や補強の場合は，ひび割れ注入や断面修復に用いる材料の選定に注意する必要があります。➡ 設計編 Q12

また，電気防食を行ったコンクリート表面には表面被覆を行う必要がありません。これは，電気防食により防食効果は十分確保されるので，表面被覆による塩化物の侵入を防ぐ必要がないからです。連続繊維接着工法などの補強を行う場合には，電気防食の通電時に電気化学的反応によって陽極で発生する酸素や塩素ガスにより，シート材の膨れが生じる場合もあり，これらのガスがコンクリート表面から抜けるような設計・施工上の配慮も必要です。

さらに，外ケーブルなどの補強を行う場合には，補強に用いる金属が陽極システム～ しない ～ 設計 ～ する ～ 重要 ～

> この位置に参照項目を示してある場合は，テーマに関連性があることを意味します。

> 文中に参照項目を示してある場合は，その段落に関連する内容が記載されていることを意味します。

②図内の表示について

本書の図内の絵表示は以下の通りです。

⬤：防食電流　　　⬤：腐食電流　　　⬤：電子の流れ

：コンクリート　　　：直流電流

：モルタル　　　：直流電圧計

：鋼材　　　：照合電極

：錆　　　：排流端子

：陽極　　　⊖：電子（e⁻）

用語の説明

この本で説明する以下の用語の中には，取り扱われる分野によってそれぞれ異なる意味を持つものもありますが，ここではコンクリート構造物の電気防食に関して用いられる場合を対象としています。

P PC 鋼材

プレストレストコンクリート（Prestressed Concrete）構造物において，プレストレスを導入するための緊張材として用いる鋼材（ＰＣ鋼棒，ＰＣ鋼線，ＰＣ鋼より線）。

PC 構造物

プレストレストコンクリート（Prestressed Concrete）構造物の略。

R RC 構造物

鉄筋コンクリート（Reinforced Concrete）構造物の略。

あ 亜鉛・アルミニウム擬合金溶射方式

亜鉛とアルミニウムの2種類の金属を溶射した皮膜（亜鉛・アルミニウム擬合金溶射皮膜）を，陽極材として用いた電気防食方式の1つ。

亜鉛シート方式

亜鉛板（亜鉛シート板）を陽極材として用いた電気防食方式の1つ。

アノード部

腐食反応において，金属の酸化反応が生じ，腐食電流が流出する部分。

アルカリシリカ反応

セメント中のアルカリ成分と骨材中のある種の鉱物との化学反応。あるいは，その化学反応により生成されたゲル状物質が吸水膨張し，コンクリートにひび割れなどの劣化を引き起こす現象。

アンカー

足場や機材・機器などをチェーンやブラケットなどで支持（固定）するために，コンクリートなどの本体に打ち込まれる固定用冶具。

い イオン化

原子または分子が電子を失う，または付加されること。

維持管理

コンクリート構造物の供用期間において，構造物の性能を許容範囲内に保持するための行為。

一次側配線・配管

直流電源装置を稼動させるための電源（一次電源）の配線・配管。

インスタントオフ電位

電気防食において，通電を遮断した直後の電位。

え ## エキスパンドメタル

鋼板を機械加工により千鳥状に切れ目を入れ，これを押し拡げて菱形，あるいは亀甲状の網目状に加工したもの。

塩化物イオン濃度

コンクリートの単位容積中に含まれる全塩化物イオンの質量。

塩害

塩化物イオンの存在によりコンクリート中の鉄筋やＰＣ鋼材が腐食し，その腐食生成物の膨張圧により，コンクリートにひび割れや剥落が生じる劣化現象。

遠隔モニタリングシステム

遠隔地の管理事務所から，電話回線やインターネットなどを利用して，現地構造物の直流電源装置やモニタリング装置を操作するシステム。

お ## オーバーレイ

取り付けた陽極の保護や均一な通電を行う目的で，陽極をモルタル等で被覆すること。

か ## カーボン系（陽極）

炭素（カーボン）を主成分とする陽極。

外部電源方式

外部に設置した直流電源から，強制的に防食電流を供給する電気防食の通電方式。

化学的侵食

酸類や塩類などの化学物質の作用により，コンクリートが侵食される現象。

カソード部

腐食反応において，還元反応が生じる健全な部分（陰極部）。

過防食

過剰な防食電流が供給されている状態。ＰＣ鋼材の水素脆化や鋼材の付着低下を引き起こすおそれがある状態。

仮通電試験

電気防食回路やモニタリング回路の形成を確認するために行う試験。

干満帯部

満潮位と干潮位との間に位置する部位。

き 犠牲陽極方式

亜鉛など，鉄よりもイオン化傾向の大きい（腐食しやすい）金属を陽極として用いる電気防食工法の方式。陽極材料が溶解する（犠牲になる）ことによる電池作用によって防食電流を供給する方式であり，流電陽極方式とも呼ぶ。

こ 高珪素鋳鉄

シリカの含有量の高い鋳鉄。

鋼材間導通確認試験

コンクリート中の鋼材（鉄筋など）相互の電気的導通を確認する試験。

鋼材電位

ある環境における鋼材の固有電位。

コーキング

施工目地等にシリコンやウレタンなどを充填すること。

コンデンサー

高周波電流だけを通して，低周波電流を通さない電気部品の１つ。

さ サージアブソーバ

落雷から直流電源装置の破損を防止するための装置。

再アルカリ化（工法）

中性化して pH の低下したコンクリートに直流電流を流すことで，アルカリ性溶液を外部から浸透させ，コンクリートのアルカリ性を回復させること。あるいはその工法。

し シース（管）

ポストテンション方式のプレストレストコンクリート構造物において，ＰＣ鋼材を収容するために，あらかじめコンクリート中に空けておく穴を形成するための筒。

樹脂ライニング

コンクリート表面をエポキシ樹脂等で被覆すること。

照合電極

鋼材の電位を求めるための基準となる電極。電位の安定した電極が使用され，鋼材の電位はこの電極の電位との差で表す。水素電極，カロメル電極（SCE），塩化銀電極（Ag／AgCℓ），硫酸銅電極（CSE）などがある。基準電極，参照電極とも言う。

照合電極作動確認試験

照合電極をコンクリートに埋設した後に，正常に作動することを確認するための試験。

下地処理

打ち足されるコンクリートやモルタルなどとの付着を向上させ一体化を図るために，コンクリートや鋼材の表面の汚れや錆を落とすこと。

詳細調査

点検結果において不具合が想定される場合に実施する調査。陽極システムや照合電極，配線・配管，直流電源装置など，システム全体の詳細な調査を実施する。

初期点検

電気防食の維持管理において行う点検の種類の1つ。電気防食竣工後または大規模な補修，更新が行われた後に行う点検。

水素脆化

鋼材に水素が侵入して材質が脆くなる現象。

水素発生電位

鋼材表面の水の電気分解により，水素が発生するときの鋼材の電位。

スターラップ筋

コンクリート梁部材などにおいて，部材のせん断耐荷力を高めるために，軸方向鉄筋を取り囲むように梁と直角方向に配置される鉄筋。

スペーサ

鉄筋や緊張材（ＰＣ鋼材），シースなどのかぶりを確保したり，その間隔を正しく保持したりするために用いる部品。モルタル製，コンクリート製，鋼製，プラスチック製のものがある。

スポット溶接

金属と金属を点溶接する方法の1つ。

セパレータ

コンクリートが所定の厚さとなるように，型枠を一定の間隔に保持するための鋼製の部品。

線状陽極

形状が線状または帯状の陽極。一般にコンクリート表面に所定の間隔で線状に配置されるもので，チタンリボンメッシュ陽極やチタングリッド陽極などが該当する。

測定端子

照合電極の対局として，測定対象鋼材に取り付ける測定用端子。

ソーラー発電

太陽光（エネルギー）を利用した発電。あるいはその装置。

脱塩（工法）

コンクリート表面に陽極を設置し，コンクリート中の鋼材を陰極として通電することにより，コンクリート中の塩化物イオンを構造物外部に移動させること。あるいはその工法。

断面修復

コンクリートの剥離・剥落などで当初の断面が欠損したときや，劣化因子を含むコンクリートを取り除いた後に，モルタルやコンクリートなどで修復すること。修復材を吹き付けたり，型枠設置後に充填する大断面修復と，コテ塗りなどによる小断面修復とに大別される。

チタングリッド陽極方式

線状のチタングリッド陽極を用いる電気防食方式。

チタンメッシュ陽極方式

基材のチタン表面に貴金属をコーティングした面状（メッシュ状）の陽極を用いる電気防食方式。

チタン溶射方式

コンクリート表面にチタンを金属溶射することにより形成された皮膜（チタン溶射皮膜）を陽極とする電気防食方式。

チタンリボンメッシュ陽極方式

基材のチタン表面に貴金属をコーティングした線状（帯状）の陽極を用いる電気防食方式。

チタンロッド方式

基材のチタン表面に貴金属をコーティングした棒状の陽極（ロッド）を用いる電気防食方式。削孔したコンクリート中に挿入したチタンロッドをバックフィル材により充填した点状陽極による方式。

中性化

コンクリートが二酸化炭素などと反応してアルカリ性が低下する現象。およびこの現象の結果，コンクリート中の鋼材が腐食し，その腐食生成物の膨張圧により，コンクリートにひび割れや剥落が生じる劣化現象。

直流電源装置

交流を直流に変換し，電流または電圧を安定して供給する装置。

つ 通電試験

電気防食に必要な防食電流量を選定するための試験。

て 定期点検

電気防食の維持管理において行う点検の種類の1つ。維持管理計画に基づき，定期的に実施する点検。

ディストリビュータ

複数の陽極間の電気的導通を確保するために設置される電流分配材。一般にチタン製のものが使用される。

定電圧制御方式

直流電源装置の出力電圧を一定とする通電方式。

定電位制御方式

防食対象の鋼材の電位が一定となるよう，直流電源装置の電流や電圧を変化させる通電方式。

定電流制御方式

直流電源装置の出力電流を一定とする通電方式。

電圧降下

コンクリートや陽極材内部，および電線材の抵抗に起因して生じる電圧の降下。

電位変化量

鋼材の電位の変化量。照合電極を用いて測定する。

電気的導通

陽極や鋼材などそれぞれの金属が接触し，電流の流れに支障がない状態。

電気防食

コンクリート表面から設置した陽極システムからコンクリート内部の鋼材に防食電流を供給することにより，鋼材の腐食反応を抑制する方法。

点状陽極

点状に配置された陽極。一般にコンクリート表面に，ある間隔で埋め込まれるもので，チタンロッド陽極などが該当する。

凍害

コンクリート中の水分が凍結と融解を繰り返すことにより，コンクリートにひび割れが発生したり，表層部が剥落して，表層部から徐々に破壊していく現象。

凍結防止剤

積雪寒冷地において，路面の凍結を防止するために用いる薬剤。欧米では岩塩，日本では塩化カルシウムや塩化ナトリウムが多用される。

導通用鋼材

コンクリート中の鋼材間の電気的導通を確保するために補助的に用いる鋼材。

導電性アスファルト

導電材料を混合したアスファルト。

導電性塗料方式

カーボン等の導電性材料が主成分の塗料を陽極に用いた電気防食方式。

導電性プラスチック方式

白金メッキチタン線を導電性プラスチックで被膜した線材を陽極に用いた電気防食方式。

導電性ポリマーグラウト

ポリマーと導電材料を混合したグラウト材

導電性ポリマーセメント

ポリマーと導電材料を混合したセメント。

導電性モルタル方式

導電性材料を混合したモルタルを陽極に用いた電気防食方式。

ドライアウト

乾燥した既存コンクリートにモルタルなどで断面修復するとき，モルタルの水分が下地コンクリートに吸収されて生じる接着不良。

に 二次側配線・配管

直流電源装置から防食対象構造物への防食電流の供給と，照合電極によるモニタリングを行うための配線・配管。

日常点検

電気防食の維持管理において行う点検の種類の1つ。維持管理計画に基づき，日常実施する点検。

は 配線系統図

防食回路やモニタリング回路の配線系統を示した図。

配線整端表

配線の接続部の結線の組合せを示した表。

排流端子

鉄筋などの防食対象鋼材に取り付ける端子。測定用端子を兼ねることも多い。

白金チタン線

白金をコーティングしたチタン線。

白金ニオブ銅線

白金をコーティングした銅線。

バックフィル材

陽極からコンクリートへ電流が流れやすくなるよう，隙間を埋めるための導電性の充填材。

パネル陽極方式

チタンメッシュ陽極を繊維補強モルタルに埋設したプレキャストパネルを用いた電気防食方式。

ひ ひび割れ補修

コンクリートに生じたひび割れを補修すること。ひび割れ注入，ひび割れ充填，表面塗布などがある。

飛沫帯部

大気中部と干満帯部の間にある海水飛沫が直接あたる部位。

表面被覆

コンクリート表面をエポキシ樹脂等で被覆すること。

ふ 腐食

鉄筋等の金属が酸化し，錆を生じること。

腐食生成物

腐食反応により生じる生成物（錆）。

腐食電池

腐食環境の差により鋼材表面に生じた電位高低差による（＋），（－）の電池。
（＋）の部分で腐食（酸化）が生じる。

腐食電流

鋼材が腐食する際，腐食部位から流れる電流。

腐食反応

鉄筋等の金属が錆びる反応。

復極（量）

電気防食による通電でマイナス方向に変化（分極）した鋼材の電位が，通電を
停止することにより，通電前の電位に戻ろうとする現象。そのときの電位の変化
量を復極量という。

復極量試験

防食効果の確認のため，復極量を測定するための試験。一般に，100mV 以上の
復極量が得られれば，防食効果があるとしている。

不動態皮膜

アルカリ環境において鋼材表面に生成される保護膜。この皮膜が形成されると高
い防食性を有する。

ブラスト

コンクリートや鉄筋表面に硅砂等を勢いよく吹き付けることにより，下地処理を
行う方法。

フレキ管（フレキシブル管）

可とう（たわみ）可能な電線管。

プレキャスト製品

プレキャストコンクリート工場で製作された製品。電気防食においては，パネル
陽極が該当する。

プレストレストコンクリート

PC 鋼材の緊張力によって圧縮応力（プレストレス）を与えられたコンクリート。

プレテンション方式

PC 鋼材を緊張した後にコンクリートを打設し，コンクリートが硬化した後，構造
物にプレストレスを与える方法。工場製品に多く採用されている。

分極（量）

防食電流を流すことによって鋼材の電位に変化が生じる現象。そのときの電位の変化量を分極量という。

分極試験

防食電流量の増加による防食対象鋼材のマイナス方向への電位の変化挙動を測定し，電気防食の通電電流量を決定するための試験。

ほ

防食回路

防食電流を供給するための電気回路。陽極システム，防食対象鋼材，直流電源装置，配線配管から構成される。

防食基準

電気防食による防食効果を得るための基準。

防食電位

電気防食において，鋼材の腐食を停止させるために必要な電位。

防食電流

電気防食において，防食を保つために，陽極から防食対象鋼材に供給される電流。

防爆区域

爆発性ガスによる爆発危険性のある区域，例えば石油基地など。

ポストテンション方式

コンクリートが硬化した後にPC鋼材を緊張して構造物にプレストレスを与える方法。現場製作の場合に多く採用されている。

ボルタ電池

希硫酸に亜鉛と銅を浸漬した場合，両金属の間に生じる電位差を起電力として利用した電池。

ボンド処理

コンクリート表面の金属などが電食することを防止するために，この金属を陰極となる鋼材に接続させること。

ま

豆板

打ち込まれたコンクリートの一部に粗骨材が多く集まってできた空隙の多い部分。ジャンカとも言う。

め

面状陽極

面状に配置された陽極。一般にコンクリート表面に貼り付けたり，塗布されるもので，チタンメッシュ陽極，パネル陽極，導電性の塗料・モルタルなどが該当する。

も モニタリング回路

照合電極による鋼材電位を測定するための回路。

モニタリングシステム（装置）

照合電極による鋼材電位を測定するための装置。照合電極, 対象鋼材, 配線配管, 測定装置から構成される。

よ 陽極

電気防食において, 防食電流を供給するときのプラス側となる電極。

陽極間導通確認試験

陽極間の電気的導通を確認するための試験。

陽極鋼材間絶縁確認試験

陽極と鋼材が接触していないことを確認するための試験。

陽極被覆（材）

陽極をモルタル等で被覆すること。あるいはその材料。

ら ライフサイクルコスト（Life Cycle Cost）

構造物の建設から維持管理, 取り壊しを含めた供用期間中に発生する費用の総額。一般にＬＣＣと略されることが多い。

り 流電陽極方式

（犠牲陽極方式〈P16〉を参照）

臨時点検

電気防食の維持管理において行う点検の種類の１つ。落雷や天災などの災害時に実施する点検。

改訂版

コンクリート構造物の
電気防食
Cathodic Protection of Steel Reinforced Concrete
Q&A

Chapter

1

基礎編

基礎編 Question 01 塩害とは何ですか？

Answer

　塩害とは，飛来塩化物や海砂，凍結防止剤などに含まれる塩化物イオンにより，コンクリート中の鉄筋やPC鋼材が腐食する（錆びる）現象です。塩害により鋼材が腐食すると，生成した腐食生成物（錆）は元の鋼材より体積が膨張するので，その膨張圧でコンクリートにひび割れを発生させたり，かぶりコンクリートを剥落させたりするなど，構造物の耐久性を著しく低下させてしまいます。

　健全なコンクリート中の鋼材は，コンクリートという保護体と，アルカリ性環境中で鋼材表面に形成された緻密な酸化皮膜（不動態皮膜）との2つで保護されています。したがって，鋼材は直接外気に接することがないため，腐食することはないと考えられてきました。➡ **基礎編** | **Q03**

　しかし，海岸地域で多くの塩害事例が報告されるにつれて，コンクリートに塩化物イオンが浸透し，その塩化物イオンによって不動態皮膜が破壊されて鋼材が腐食することが知られるようになりました。

塩害による桟橋下面の劣化状況

鉄道橋桁下面の塩害事例

Question 02 基礎編 なぜ鉄は錆びるのですか？

Answer

　鉄（金属）は，鉄鉱石（酸化物）をコークスや石灰石とともに溶鉱炉に入れ，1500℃以上の高温で，鉄鉱石から酸素を奪い還元することによって得られます。

　したがって，還元された鉄（金属）はエネルギーが高い，言い換えれば不安定な状態にあります。このため，元の鉄鉱石（酸化物）に戻ろうとして，「錆びる」のがむしろ自然なことです。鉄は錆びると，安定した（エネルギーが低い）状態となります。

　鉄が鉄鉱石（酸化物）に戻ろうとする現象を"鉄が錆びる"，"腐食する"と言います。電子のやり取りに着目すれば，鉄は電子を失い鉄イオンとなります。電子を失う反応を酸化と言います。

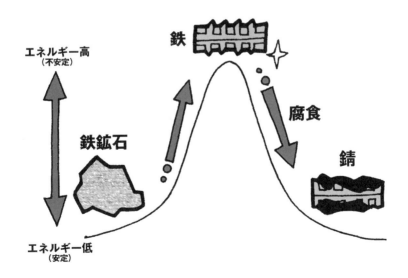

エネルギー高
（不安定）

鉄

鉄鉱石

腐食

錆

エネルギー低
（安定）

鉄イオンは水酸化物イオンなどと結びついて水酸化鉄などになり，これが鉄の腐食生成物である錆です。

　鉄は錆びると，エネルギーが低下します。これを利用しているのが，自然電位測定です。自然電位を測定して，それの低い箇所が錆びていると判定するのは，エネルギーの高低が電位に現れるからです。このようなことから，鉄が錆びる（腐食する）ことは，酸化すること（電子を失うこと），エネルギーが低下する（電位が下がる）ことと同じ意味です。

腐食することで，安定した状態となる

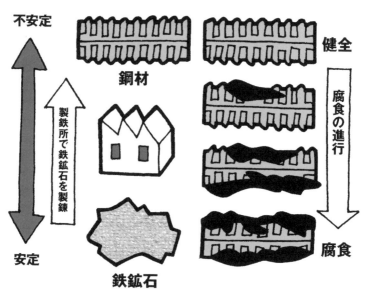

不安定

鋼材

健全

製鉄所で鉄鉱石を製錬

腐食の進行

安定

鉄鉱石

腐食

基礎編 Question 03 鋼材はコンクリートの中で どのように保護されているのですか？

Answer

　私たちが鉄製の道具を使う場合は，「塗装」や「めっき」するなどして表面を被覆し，水や酸素などの腐食因子を遮蔽して錆びないようにしているのが通例です。

　それと同様に，健全なコンクリート構造物では，鋼材はコンクリートと保護膜により，水や酸素，塩化物イオンなどの腐食因子と直に接触しないように保護されています。

　この保護膜は不動態皮膜と呼ばれ，コンクリートの強いアルカリ性により，鋼材の表面に形成されます。不動態皮膜は，厚さわずか数 nm（ナノメートル，$1nm = 10^{-9}m$）の酸化皮膜です。不動態皮膜も酸化物ですから錆の一種ではありますが，この薄い錆膜は安定した化合物であり，通常それ以上に錆びることはありません。不動態皮膜は，コンクリート中に溶けている，あるいは外部から浸入する水や酸素などから鋼材を腐食から守るバリアの役割をします。不動態皮膜に覆われ，安定した状態を不動態と言います。

鋼材はコンクリート中で保護されている

29

コンクリートの中の鋼材が錆びるとどうなりますか？

Answer

　鋼材が錆びると，その表面には錆の層（腐食生成物）が形成されます。この腐食生成物は，多孔質でもろく，腐食を抑制する効果がないうえに，水や酸素などの腐食因子も吸収し，元の体積の２倍以上に膨張します。この膨張圧によりコンクリートにひび割れが生じます。

　ひび割れが発生すると，このひび割れを通して鋼材に塩化物イオンや酸素，水などの腐食因子が加速的に供給されるため，腐食速度が増大し，かぶりコンクリートの剥落を招きます。かぶりが無くなった鋼材は裸の状態ですから，さらに腐食が進み，鋼材自身がやせ細っていきます。

　腐食は必ずしも均一に進行するわけではなく，部分的に急速な腐食を示す場合があります。ここに応力が作用すると，全体的な錆の量が少ない場合でも鋼材が破断することもあります。鋼材は，部材の引張り力を分担する重要な構成要素ですから，これがやせ細るということは構造物の耐荷力の低下に直接つながり，危険な状態になります。

鋼材が錆びると構造物の耐荷力が低下する

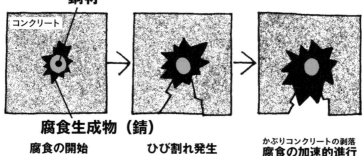

鋼材

コンクリート

腐食生成物（錆）

腐食の開始　　　　　ひび割れ発生　　　かぶりコンクリートの剥落
　　　　　　　　　　　　　　　　　　　腐食の加速的進行

塩害による立体駐車場の崩壊（アメリカの事例）　（同左）

Column 01

直流と交流①

　乾電池はプラスとマイナスがはっきりとしていて，導線をつないで電球をつけたり，モーターを回したりする時は，電流がプラスからマイナスの方向へ流れています。その電流が流れる方向は一定で変わることはありません。このように，電流の流れる方向が変わらない電気を「直流」といいます。そして，直流の電気で動く電気機器は直流機器とも言われます。

　これに対して，電流の向きが周期的に変化する電気を「交流」と言います。つまり，正弦波形のように，一定の時間でプラスとマイナスが入れ替わります。そして，電流の向きが1秒間に何回変わるか，その回数を周波数といい，単位はヘルツ（**Hz**）で表します。

　さて現在の日本では，静岡県の富士川から新潟県の糸魚川辺りを境に，東側が50ヘルツの地区，西側が60ヘルツの地区に分かれています。かつて明治・大正時代の日本には今よりも多くの電力会社が営業しており，おもに東日本ではヨーロッパ（ドイツ）系・50ヘルツ発電機を，西日本ではアメリカ系・60ヘルツ発電機を輸入していました。その後，全国統一の努力が行われたようですが，莫大な費用と時間がかかることから実現せず，現在に至っているのです。

北海道電力

50ヘルツ地区
60ヘルツ地区
※ 50ヘルツと60ヘルツ
混在地区もあります

東北電力
北陸電力
関西電力
中国電力
東京電力
中部電力
四国電力
九州電力
沖縄電力

なぜ塩化物イオンがあると鋼材は錆びやすくなるのですか？

Answer

　コンクリート中の鋼材は，コンクリートと不動態皮膜との２つで守られています。これにより，鋼材が腐食することはないと考えられてきました。

➡ **基礎編**|**Q03**

　しかし，潮風や波しぶきをうけるコンクリート構造物や凍結防止剤が散布される場合には，コンクリート中に塩化物イオンが浸透します。これが鋼材表面で一定濃度以上になると不動態皮膜を簡単に破壊してしまいます。この保護膜が破壊された部分では，コンクリート中にある水や酸素と反応して腐食が始まります。

　不動態皮膜が破壊されて腐食が開始するか否かは，塩化物イオン濃度に依存します。

　土木学会では，W／C やセメントの種類により腐食発生限界塩化物イオン濃度が異なりますが，港湾基準では，2.0kg／㎥に統一しています。

➡ **基礎編**|**Q06**

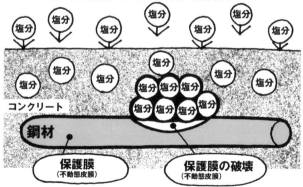

塩分は保護膜（不動態皮膜）を破壊する

腐食発生限界塩化物イオン濃度とは何ですか？

Answer

　鋼材表面におけるコンクリート中の塩化物イオン濃度が鋼材腐食発生限界塩化物イオン濃度を超えると、不動態皮膜が破壊されて鋼材の腐食が開始します。

➡ **基礎編** **Q05**

　この鋼材腐食発生限界塩化物イオン濃度はコンクリートの使用材料や配合、コンクリートの含水状態等に影響されるため、個々の構造物によって状況は異なります。したがって、塩害を受ける構造物の維持管理における鋼材腐食発生限界塩化物イオン濃度は、対象構造物における点検結果に基づき、鋼材の腐食速度と鋼材表面におけるコンクリート中の塩化物イオン濃度の関係から設定することが原則となります。

　点検結果や類似する構造物情報が無い場合は、設計や施工記録等の情報からセメントの種類および水セメント比を確認した上で、次頁の図の式により鋼材腐食発生限界塩化物イオン濃度を設定してもよいこととしています。この図は土木学会【維持管理編】における W ／ C やセメントの種類により腐食発生限界塩化物イオン濃度の算定式を図化したものであり、日本港湾協会「港湾の施設の技術上の基準・同解説」（港湾基準）の港湾構造物における腐食発生限界塩化物イオン濃度も記載したものです。また、旧建設省の総合研究開発プロジェクトでの検討結果では、2.5kg／㎥であり、土木学会【維持管理編：2006 年版】では 1.2kg／㎥としていました。

■腐食発生限界塩化物イオン濃度のセメント種類と W ／ C からの算定 および港湾基準

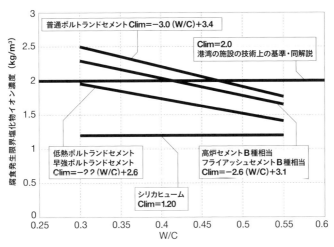

普通ポルトランドセメント Clim=−3.0 (W/C)+3.4

Clim=2.0
港湾の施設の技術上の基準・同解説

低熱ポルトランドセメント
早強ポルトランドセメント
Clim=−2.2 (W/C)+2.6

高炉セメント B 種相当
フライアッシュセメント B 種相当
Clim=−2.6 (W/C)+3.1

シリカヒューム
Clim=1.20

縦軸：腐食発生限界塩化物イオン濃度（kg/m³）
横軸：W/C

（土木学会コンクリート標準示方書 2022【維持管理編】）
（日本港湾協会「港湾の施設の技術上の基準・同解説」2018）

Column 02
電気防食の効果

　写真は 1985 年（昭和 60 年）頃から行われていた電気防食の効果を確認するための実験の結果です。建設省土木研究所の共同研究で，実物大の PC 桁に塩水噴霧を行い，12 年後に解体調査したものです。
　電気防食していた供試体中の鉄筋と電気防食無の鉄筋の腐食程度の違いが大きいことが分かります。

鉄筋表面状態（表面処理後）の観察結果（12 年経過）
上が無防食，下が電気防食した鉄筋
「海洋構造物の耐久性向上技術に関する共同研究報告書」
（建設省土木研究所共同研究報告書第 256 号）

基礎編 Question 07

塩害のほかに鋼材が錆びることはありますか？

Answer ~~~~~~~~~~~~~~~~~~~~~~~~~~~~~~~~~~~~~~

　塩害以外にもコンクリート中の鋼材が錆びることがあります。その原因は，コンクリート構造物に発生したひび割れや中性化によるものです。

　健全なコンクリート中の鋼材は，コンクリート（かぶり）と不動態皮膜との2つで保護されています。しかし，鋼材が外気にさらされたり，コンクリートのアルカリ性が低下すると不動態皮膜が維持できなくなり，腐食が始まります。

　何らかの理由により，コンクリートにひび割れが発生・進展したり，コンクリートが剥落したりすると，鋼材が外気にさらされてしまい，水や酸素の腐食因子が鋼材と接触しやすくなるため，鋼材は簡単に錆びてしまいます。

　また，コンクリート中に二酸化炭素が浸透すると，コンクリート表面から中性化が進行し，鋼材表面近くまで中性化が進行すると，アルカリ性が低下するため不動態皮膜が維持できなくなります。このように，中性化によっても不動態皮膜が維持できなくなり，コンクリート中にある水や空気中の酸素と反応して腐食が始まることがあります。

**ひび割れや剥落などの損傷があれば，
水や酸素の腐食因子が鋼材に接触しやすくなる！**

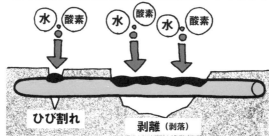

35

塩害や中性化のほかにコンクリート構造物の耐久性を低下させる原因には，

・アルカリシリカ反応

・化学的侵食

・疲労

・凍害

などがあります。

なお，化学的侵食で鋼材が錆びる場合は電気化学反応ではなく，化学反応で錆びることもあり，その場合，電気防食の効果は期待できません。

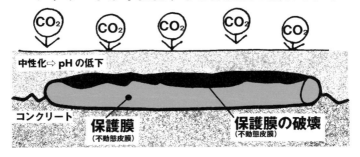

コンクリートが中性化すると保護膜は破壊される

Column 03
よい錆び方・悪い錆び方 !?

　われわれが日常目にする金属材料の錆び方，つまり腐食形態は均一腐食と局部腐食に分類されます（特殊な環境での腐食形態もある）。均一腐食は多くの場合，環境条件をもとに設計時に予測がつくので良い錆び方といえます。一方，局部腐食は予期しないところで起こるため，非常に厄介です。パイプやタンクなどに局部腐食が生じると，孔が開いたり（孔食），引張応力の作用時に割れが生じるなど（応力腐食割れ），健全な部分も巻き添えにしてスクラップにしてしまう悪い錆び方です。この局部腐食の最大の原因は環境の不均一性です。異なる金属がつながっているために生じる"異種金属接触腐食"，酸素や塩分の濃度差による"濃度差腐食"，金属表面に何かがぴったり付着したときにその隙間で生じる"すきま腐食"などがあります。

基礎編 Question 08

鋼材が錆びるときに電池ができているのですか？

Answer 〜〜〜〜〜〜〜〜〜〜〜〜〜〜〜〜〜〜〜〜〜〜〜〜〜〜〜〜〜〜〜〜〜〜〜〜〜〜〜

　コンクリート中に塩化物イオンが侵入した場合などによって不動態皮膜が破壊されると，その部分から鋼材が錆び始めます。

　鉄が錆びるとは，鉄が電子を失って陽イオンになることです。鉄イオンはコンクリート中に溶け出します。この部分を腐食部（アノード）と呼びます。鉄から放出された電子は，鋼材を通って不動態皮膜で保護された健全部（カソード）へ移動します。そこで水や酸素と反応して水酸化物イオンを生成します。

　電子が腐食部から健全部へと鋼材中を移動するときは，電流はその逆向きに流れています。これは電子が負の電荷を持ち，電流は正の電荷の流れとして取り扱うからです。この電流は腐食電流と呼ばれ，腐食部（アノード）からコンクリートを通って健全部（カソード）へと流れ腐食回路を形成します。

　腐食回路の流れとしては，下図のように鉄筋内部を電子伝導（e^-），コンクリート中をイオン伝導（OH^-）し，水と酸素の存在により鋼材表面のアノードとカソードの腐食反応が始まります。

" 錆びる " ということは，電池ができること

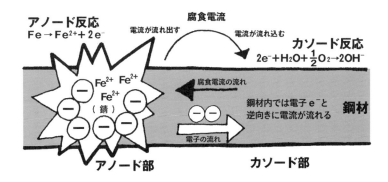

アノード反応
$Fe \rightarrow Fe^{2+} + 2e^-$
電流が流れ出す

腐食電流
電流が流れ込む
カソード反応
$2e^- + H_2O + \frac{1}{2}O_2 \rightarrow 2OH^-$

Fe^{2+}　Fe^{2+}
Fe^{2+}
（ 錆 ）

腐食電流の流れ

鋼材内では電子 e^- と
逆向きに電流が流れる　　鋼材

電子の流れ

アノード部　　　　　　　カソード部

このように，電流の流れ出す極（アノード）と流れ込む極（カソード）との対となっています。この対をもって電池（腐食回路）が形成されていると言えるのです。これを腐食電池と呼びます。この場合の電池（腐食電池）は英語で「cell」です。腐食電池は鋼材表面に細かく多数均一に形成される場合（ミクロセル）と，大きく局部的に形成される場合（マクロセル）とがあります。ミクロセルの腐食電池の極は，腐食の進行に伴い移動したりします。マクロセルの腐食電池の極は局部的に固定されます。

Column 04
直流と交流②

　意外と知られていないかもしれませんが，エジソンが世界最初の送電会社を設立したときの発電機は直流方式でした。しかし，発電機で起こした電気を送電線で遠くに運ぶわけですが，送電線の抵抗を受けて電圧が降下（ドロップ）するという問題がありました。例えば，もとで100ボルトで送っても，末端では80ボルトになってしまったのです。そのため，電球を80ボルト用に作ってしまうと，100ボルトのところでは電球の寿命が短くなり，100ボルト用に作ると，80ボルトのところでは暗くなるという不具合が生じました。

　こうした欠点を改善したのが，交流による送電方式でした。発電機は本来，交流方式で電気を作るのですが，当時は直流方式が主流だったため，わざわざ直流に変換していたのです。それが，交流のまま使用できるということが分かり，しかも変圧器を使って電圧を一定にできるという直流にない長所とあいまって，送電方式の中心となって普及してきました。

　直流の送電方式では，前述のように電圧のドロップが生じても，途中で電圧を上げることはできません。ところが，交流の送電方式では，送り出す側で高めの電圧（例えば3000ボルト）にしておいて，受け取るところに変圧器を設置することで，安定した100ボルトを得ることができるわけです。電圧を高くするとドロップ分も少なくなるので，山奥に大型発電所を作って，そこから都会までの遠距離を何万ボルトという高電圧で送れば，途中の電圧降下分を小さくできるといったメリットも出てくるのです。

参考：「おもしろい電池のはなし」（山川正光：日刊工業新聞社）

なぜ腐食電流は流れるのですか？

関連Q → 基礎編 | Question **08**

Answer

　塩化物イオンで不動態皮膜が破壊された部分（腐食部／アノード）では，鉄が陽イオンになるときに電子が失われ，不動態皮膜で保護された部分（健全部／カソード）に比べ，電位が低くなります。このように電位の高低差が生じるということは，電圧がかかっていることと同じで，腐食電流が流れているのです。

電位の差により，腐食電流が流れる

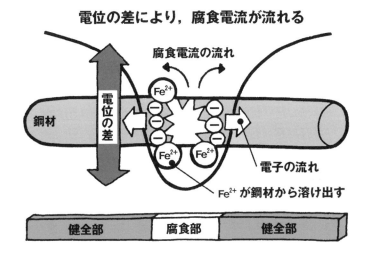

　コンクリートにひび割れが発生すると，鋼材には空気に触れる部分とコンクリートに被覆されている部分とが生じます。この場合では，空気に触れている部分がアノードに，コンクリート中にある健全部がカソードになります。

　また，コンクリートの組織に粗密の差がある場合では，透水性が高い（粗な組織）方の鋼材がアノードに，透水性が低い（密実な組織）方の鋼材がカソードになります。これらの場合でもアノードとカソードとができるので，電位差を生じて腐食電流が流れます。例えば，これらアノードとカソードの位置が，

鋼材を区切るように一つの界面で局部的に固定されて生じた場合，鋼材表面の一部がアノードに，他がカソードとなって腐食電池を形成します。これをマクロセル腐食と言います。

　生じた電位差は，腐食の進行速度を意味し，これが大きいほど腐食は急激に進行します。このように，鋼材の腐食は電流（腐食電流）の発生を伴いながら進行します。

鋼材の環境の変化がアノードを作る

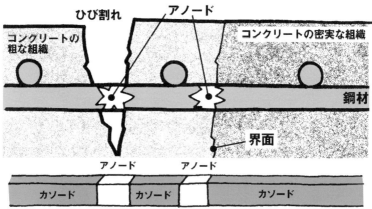

■マクロセル腐食の電位測定結果の例

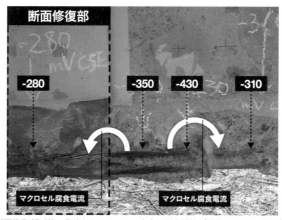

断面修復部近傍に発生したマクロセル腐食と測定電位（電位：mV vs.CSE）

基礎編
Question
10

電気防食はどのようにして腐食を抑制するのですか？

Answer ~~~~~~~~~~~~~~~~~~~~~~~~~~~~~~~~~~~

　鋼材が腐食するとき，鋼材表面の電位差により腐食電流が流れます。

　この電位差がなくなれば腐食電流が流れなくなり，理論的には腐食は停止します。このような考え方で鋼材の腐食を抑制するのが電気防食です。

　鋼材表面に生じた電位差を解消するためには，電位の高い方に合わせる方法と低い方に合わせる方法とがあります。電気防食はこの後者になります。すなわち，腐食電池の健全部（カソード）の電位を腐食部（アノード）の電位まで下げれば，鋼材表面の電位は同一となって腐食電流は流れなくなります。

　電気防食は英語で「cathodic protection（カソード防食, または陰極防食）」と呼ぶように，鋼材を陰極として電位を強制的に下げることによって腐食を抑制します。

　電気防食は，マクロセル腐食抑制にも効果があります。

電気防食の適用により，電位の差が消失して，腐食が抑制される

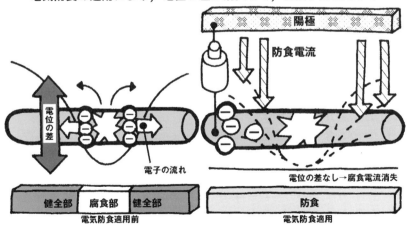

基礎編 Question 11 電気防食はどのくらいの電気を 流せばよいのですか?

関連Q 基礎編 Question 12

Answer

腐食電流を解消させるために必要な防食電流は,コンクリート表面積 1㎡当たり 1 ～ 30mA 程度（設計上の通電電流密度）です。また,通電電圧は,1 ～ 5V（ボルト）程度となります。

電気防食の施工面積を 500㎡とすると,

電流の最大値は,30（mA／㎡）× 500（㎡）= 15（A）,電圧は 5V

電流の最小値は,1（mA／㎡）× 500（㎡）= 0.5（A）,電圧は 1V

となります。

これより使用電力を計算すると,W（電力）= I（電流）× V（電圧）となるので

最大　15（A）× 5（V）= 75（W）

最小　0.5（A）× 1（V）= 0.5（W）

となり,500㎡当たり最大でも白熱電球 1 個程度の電力で適切な防食が可能です。

なお,交流を直流に変換する場合,例えば交流 100V や 200V の商用電源を変換して直流電源装置から防食電流を流す場合は,変換効率の影響により直流電源の消費電力は上記の 2 倍程度となります。

通電電流密度	1～30mA／㎡
通電電圧	1～5V

施工面積500㎡として
15A, 5V	75W（最大）
0.5A, 1V	0.5W（最小）

小さな白熱球の電気量で防食可能

電気代はどのくらいかかりますか？

関連Q ➡ 基礎編 Question **11**

Answer ～～～～～～～～～～～～～

　防食回路にかかる電圧は1～5V程度, 電流は防食面積500㎡とすれば0.5～15A程度（設計上の通電電流密度での通電の場合）です。これらのうち, 電圧, 電流とも大きい方の数値で電力量を計算すると, 以下となります。

　　5（V）× 15（A）= 75W

　直流電源装置において, 商業電源の交流を直流にするための変換効率（交流を直流に変換する効率）を50%とすると, 電力量は以下となります。

　　75（W）÷ 50（%）= 150W

　従量電灯C（一般に使用している100V）で契約した場合, 基本料金286円（税込）／月, 電気量料金2148円（税込）／月（0.15kW × 24h × 30日× 19.88円/kWh）となります。

　低圧電力（三相交流200V）で契約した場合, 基本料金1122円（税込）／月, 電気量料金 夏季1876円（税込）／月, 他の季節1707円（税込）／月となります（2022年8月東京電力で試算）。

　なお, 電気料金は各電力会社のホームページで簡単に計算することができます。

■各電力会社のホームページ

北海道電力	http://www.hepco.co.jp	関西電力	http://www.kepco.co.jp
東北電力	http://www.tohoku-epco.co.jp	中国電力	http://www.energia.co.jp
北陸電力	http://www.rikuden.co.jp	四国電力	http://www.yonden.co.jp
東京電力	http://www.tepco.co.jp	九州電力	http://www.kyuden.co.jp
中部電力	http://www.chuden.co.jp	沖縄電力	http://www.okiden.co.jp

なぜ電気防食は信頼性の高い塩害対策工法なのですか？

関連Q➡ 基礎編 Question **14**

Answer 〜〜〜〜〜〜〜〜〜〜〜〜〜〜〜〜〜

　塩害対策としては，腐食因子の一つである塩化物イオンの侵入を防止したり，既に塩化物イオンが侵入した部分を除去する，いわば対症療法的な方法があります。

　しかし，このような塩害防止対策では腐食反応を停止できないため，補修後に残留した塩化物イオンによって，再び塩害を引き起こす危険性もあります。実際，ある海岸地区の構造物では表面被覆や断面修復を繰り返し，結局，更新となった例も報告されています。

　電気防食は，外部から防食電流（直流電流）を流すことで，電気化学的に腐食反応を抑制する，抜本的な対策方法です。すなわち，電気防食は腐食反応自身を抑制させる方法であるため，最も信頼性の高い塩害対策工法です。なお，電気防食を適用する場合は，早期から防食するほど高い効果が得られます。

　電気防食の利点としては以下の項目が挙げられます。

電気防食の利点
腐食反応に直接関与し，抑制する防食工法
・多量の塩化物イオンを含有した場合でも防食可能 ・塩化物イオンを含有するコンクリートの除去が不要 ・鋼材の防錆処理が不要 ・防食効果の確認が容易

電気防食と他の塩害対策工法との違いは何ですか?

関連Q ➡ 基礎編 Question **13**

Answer

　コンクリート中の鋼材の腐食は，塩化物イオン，酸素，水を因子として，腐食電池が形成されて進行します。

　塩害対策工法には，断面修復工法や表面被覆工法などの対症療法的な対策があります。

　断面修復工法は，塩化物イオンを多量に含んだコンクリートを除去し，新たにコンクリートやモルタルで修復する方法です。腐食因子の一つである塩化物イオンに着目し，これを除去することで防食効果を得るものです。構造物への塩化物イオン浸透量がまだ少ない段階では有効な方法ですが，既に多量の塩化物イオンが浸透した段階では，完全に塩化物イオンを除去することができない場合は，再劣化する可能性があります。また，プレストレストコンクリートでは応力状態が変化してしまうという課題もあります。

対症療法的な塩害対策工法

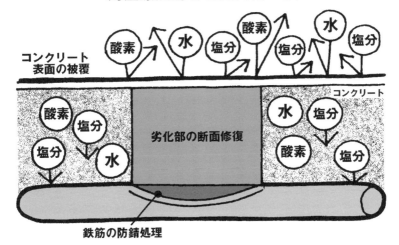

表面被覆工法は，エポキシなどの樹脂塗装でコンクリート表面を保護することにより，腐食因子である塩化物イオンや酸素などの侵入を防止する方法です。新設段階からの適用は効果的ですが，既にコンクリート内部に塩化物イオンなどの腐食因子を含有した場合，その量によっては腐食の進行を止めることができません。

　その他に表面含浸材による塩害対策などもあります。コンクリート表面に含浸材を塗布することによりコンクリート表層の組織を改質して，コンクリート表面の遮塩性を高めたり，撥水性をもたせる効果があります。

　結局，「臭いものに蓋」では解決できません。これに対して電気防食は，腐食のメカニズムに基づいて腐食電流を解消する電気化学的手法を用いています。すなわち，防食電流を流すことで，電気化学反応を制御して，鋼材の腐食反応自身を抑制させる方法であるため確実です。

　副次的効果として，鋼材表面のアルカリ性回復や塩化物イオン濃度の低減も期待できます。また，鋼材の防食状況を随時モニタリングできることも大きな特長です。電気防食は塩化物イオンなどの腐食因子を多量に含む場合でも，これらを除去する必要がなく，確実に防食できる信頼性の高い工法です。

➡ 基礎編 Q15

■断面修復＋表面塗装の再劣化

部分断面修復と表面被覆部の再劣化の例（杭頭部）

断面修復と表面塗装部の再劣化の例（梁部）

基礎編 Question 15 電気防食をすることで他にどんなメリットがありますか？

Answer

　電気防食は腐食反応を抑制させることを目的として，コンクリート中の防食対象である鋼材を陰極として，コンクリート表面に設置した陽極から防食電流を流します。その防食原理から下記の副次的作用が得られます。

　電気防食には鋼材の腐食抑制の他に，脱塩作用や再アルカリ化作用などの副次的作用があります。

　脱塩作用とは，コンクリート中の塩化物イオンが，鋼材からコンクリート表面の陽極方向に移動（電気泳動）するものです。塩化物イオン（Cl⁻）はマイナスに荷電したイオン（陰イオン）ですから防食電流を流すことで，徐々にコンクリート表面の陽極側に移動します。

　再アルカリ化作用とは，電気化学的反応により鋼材表面付近（陰極）で水酸化物イオン（OH⁻）が生成され，鋼材付近のアルカリ性が回復することです。アルカリ性が回復することで鋼材近傍の腐食環境が改善されます。

　電気防食で流す電流は非常に微弱ですが，適切な維持管理により長期間の通電を行うことで，上記のような鋼材近傍の腐食環境の改善も期待できます。

塩化物イオンの移動による脱塩作用／水酸イオンの生成による再アルカリ化作用

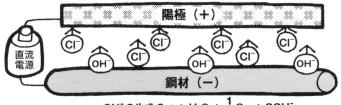

OH⁻の生成 $2e^- + H_2O + \frac{1}{2}O_2 \Rightarrow 2OH^-$

電気防食を適用できる構造物にはどのようなものがありますか？

関連Q➡ 入門編 | Question **06**

Answer

コンクリート構造物の電気防食は，コンクリート表面に陽極を設置し，コンクリート中の鋼材を陰極として防食電流を流すことでその防食効果が得られます。

したがって，一般的な大気中のコンクリート構造物であれば，ほとんど適用可能です。鉄筋コンクリート，プレストレストコンクリート，鉄骨コンクリートなど構造形式による制限はありません。桟橋や橋梁，トンネル，タンク，ビルなど，新設・既設を問わずほぼすべてのコンクリート構造物に適用可能です。電気防食は最も信頼性の高い塩害対策工法とされていますが，新設の構造物や劣化が顕在化していない構造物（潜伏期や進展期）に予防保全的に適用すると一層効果的です。

ただし，コンクリート表面に設置された金属製の配水管や点検通路などの付属物は，コンクリート中の鋼材と同じ防食をすることはできません。塗装や被覆など他の防食方法の検討が必要です。

また，コンクリート表面に電気的絶縁性の高い被覆材がコーティングされている場合や，コンクリートや断面修復材，鉄筋などの鋼材表面に電気抵抗の高い材質のものが用いられている場合は，電気防食の適用方法について検討しなければなりません。

湿潤部や水中部のコンクリート構造物は含水率が非常に高く，塩化物イオンがコンクリートに多量に含まれていても，コンクリート中の酸素濃度が低いため，腐食が進行していない場合もあり，適用に当たっては十分に調査し検討する必要があります。

プレストレストコンクリート構造物では次項目の検討が必要になります。

　ポストテンション方式は鋼製シース管の電気防食は可能ですが，シース内の PC 鋼材は防食対象とはしていません。また，シース内のグラウト不良による腐食発生までは，電気防食で抑制できないので注意が必要です。

　プレテンション方式では PC 鋼材同士の導通がない場合があります。その際は一部 PC 鋼材をはつり出して機械的に導通をとる対策の検討が必要です。

➡ 施工編 Q08

Column 05
ボルタの電池は錆びている !?

　電池は，電流の流れ出す極（陽極，＋）と電流の流れ込む極（陰極，－）とが対をなしています。乾電池や自動車のバッテリーも必ずそうなっています。

　下は「ボルタの電池」の概念図です。銅板（Cu）と亜鉛板（Zn）とを希硫酸につけ，両方をリード線で接続すると豆電球が光ります。

　希硫酸中では，銅は水素よりもイオン化傾向が小さいため変化しませんが，亜鉛はイオン化傾向が大きいので溶け出します。このとき，亜鉛は電子を放出して陽イオンになります。このように，電子が流れ出るほうを電池の負極と言います。放出された電子が亜鉛板からリード線を通って銅板に流れ込みます。こちらを電池の正極と言います。この 2 極間で電流が流れ，豆電球が光ります。このように化学反応に伴って発生するエネルギーを電気として取り出すものを「電池」と言います。

　ボルタの電池では，亜鉛が電子を失って陽イオンになります。すなわち，錆びているのです。錆びるという現象によって電流が発生しています。電池ができるということは，電流の流れ出す極と流れ込む極との 2 極があると理解してください。

　なお，電池では電解溶液中で正電流が流れ込むほうが正解です。ちなみに，乾電池は英語で「dry battery」です。「battery」とは「cell」が集合したものを意味します。

"錆びる" ということは，電池ができること

電子の流れ

（－）電極：$Zn \rightarrow Zn^{2+} + 2e^-$
（酸化反応）

電流の流れ

Zn

Cu

Zn^{2+}

－　　希硫酸　　＋

（＋）電極：$2H^+ + 2e^- \rightarrow H_2$
（還元反応）

Zn（亜鉛）と Cu（銅）を比べると Zn のほうがイオンになりやすい
（Zn のほうが溶けやすい）

電気防食は飛沫帯部や海中部などでも適用できますか?

Answer 〰〰〰〰〰〰〰〰〰〰〰〰〰〰〰〰〰

　大気中部，飛沫帯部，干満帯部，海中部のいずれの環境でも，電気防食を適用することは可能です。ただし，これらの環境が同じ構造物にある場合は，環境ごとに防食回路を分離する必要があります。これは，環境によりコンクリートの含水量が大きく異なるため，コンクリートの電気抵抗の違いや，鋼材の腐食状況や環境の違いから防食電流の過不足が生じることを防ぐためです。

　飛沫帯や干満帯部での適用は，コンクリートの湿潤状態や酸素の供給速度が変化したり，海中部の裸鋼材（鋼管杭や鋼矢板等）に適用された電気防食が影響する場合もあるため，陽極システムや通電方法，維持管理方法の十分な検討を行えば可能です。

　海中部はほぼ電気防食の必要はありません。これは，海水中では酸素の供給がほとんどなく，腐食が進行しないためです。

Column 06
錆は悪者? 顔料の原料は錆!

　錆には赤，青，黒，緑，白といろいろな彩りがあります。鉄は赤か黒，銅は緑か赤，ニッケルは淡緑，亜鉛やアルミニウムは白の錆となります。ニッケルやアルミニウムは古代からあったわけではありません。錆を構成している無機物質は天然に産出する鉱物と親戚関係にあります。天然鉱物の錆のうち，特に安定した化合物は昔の画家たちにより絵具顔料として使われ始めました。ちなみに鎌倉の大仏様は顔料が塗られているわけではありません。大仏様は銅像ですから，銅と空気中の酸素が反応し，緑青という錆が長い年月を経て表面に皮膜として生じたため，あの美しく重厚な彩りとなったのです。遠い昔から現代まで，美しい彩りを保つ国宝級の芸術作品に使われている顔料は，実は錆の親戚だったと聞くと，いつも悪者扱いの錆に少し愛着がわくのではないでしょうか?

改訂版
コンクリート構造物の
電気防食
Cathodic Protection of Steel Reinforced Concrete
Q&A

2
Chapter

入門編

電気化学的防食工法とは何ですか?

Answer

　電気化学的防食工法は，コンクリートの表面あるいは外部に設置した陽極とコンクリート内部の鋼材の間に直流電流を流すことで，鋼材表面あるいはコンクリート内部に発生する電気化学的反応を鋼材の防食に利用するものです。

　電気化学的防食工法には，①電気防食工法，②脱塩工法，③再アルカリ化工法，④電着工法の4種類の工法があり，それぞれの工法の防食の目的と期待される効果が異なります。電気化学的防食工法の選定に当たっては，対象構造物の劣化状況や構造形式・環境条件を踏まえ，施工方法・維持管理方法・環境性・経済性を考慮して適切な工法を選定します。本書では，電気防食工法について詳細に解説しています。

　「電気化学的防食工法設計施工指針（案）」が2001年11月に土木学会から発刊され，この指針（案）は2020年9月に，新しく「電気化学的防食工法指針」（土木学会コンクリートライブラリー157）に改訂・発刊されました。この中には電気防食工法以外の電気化学的防食工法についても詳述されています。

■各種電気化学的防食工法の特徴

電気化学的防食工法名	防食の目的	期待される主な効果	工法の適用対象となる主たる劣化機構または変状
電気防食工法	腐食反応の抑制	腐食反応速度の低減	塩害，中性化
脱塩工法	鋼材の腐食環境の改善	塩化物イオン濃度の低減	塩害
再アルカリ化工法		アルカリ性の回復	中性化
電着工法	腐食因子の供給抑制	腐食因子の移動に対する抵抗性の向上	塩害，中性化，進行性でないひび割れ

土木学会コンクリートライブラリー157「電気化学的防食工法指針」2020.9

入門編
Question
02
電気防食には
どのような方法がありますか？

Answer

　国内外で提案されている電気防食を，防食電流の供給方式，陽極材の配置形
状，陽極材の材質に分類して，それらの特徴を以下に示します。

　防食電流の供給方式には，外部電源方式と流電陽極方式があります。

➡ 入門編｜Q03

　外部電源方式は電源設備の設置が必要ですが，防食電流を調整できます。流
電陽極方式は電源設備は不要ですが，電流の調整が不可能であり，また陽極材
の消耗により陽極システムの交換が必要となります。

　陽極材の配置形状には，面状，線状，点状があります。➡ 入門編｜Q05

　防食電流の均一性は，面状陽極が最も優れています。構造物表面が塗膜処理
されている場合，線状陽極はコンクリートの前処理（表面被覆材の全面除去な
ど）を行うことなく陽極設置が可能です。点状陽極は局部的な防食に適してい
ます。

　陽極の材質には，チタン系，カーボン系，亜鉛系などがあります。

➡ Column｜13

　陽極の寿命は，陽極の材質に左右されます。最も耐用年数の長いものは，チ
タン系の陽極材です。ただし，チタン系陽極材でも，バックフィル材にカーボ
ンを使用したものは，そのバックフィル材の消耗速度により耐用年数が異なり
ます。

電気防食の電気を流す方法には どのようなものがありますか？

Answer

電気防食の方式はその電気を流す方法により，以下の２つに大別されます。

・外部電源方式

・流電陽極方式

外部電源方式では直流電源装置を設置し，その直流電源のプラス出力に陽極材を，マイナス出力に防食対象鋼材を接続し，防食電流を供給します。構造物の環境に応じて，防食電流の調整ができます。電源には一般に使用されている商用電源が使えますが，ソーラーパネルや風力発電の利用も進められています。

流電陽極方式では，亜鉛などの鉄よりイオン化しやすい金属を陽極材として，鉄とのイオン化傾向の差を利用して防食電流を供給します。この方式は，陽極材が徐々に溶け出しながら電流を流すことから，犠牲陽極方式とも呼ばれています。電源設備の設置が不要ですが，陽極材自体が消耗するため，適宜陽極システムを交換する必要があります。

外部電源方式と流電陽極方式

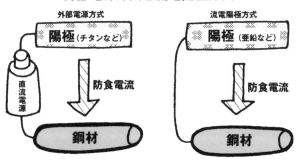

電気防食システムは どのように構成されていますか？

Answer

　電気防食は，コンクリート構造物中の鋼材に直流電流（防食電流）を供給することで実施されます。電気防食システムは，防食電流の供給・分配，防食効果のモニタリングおよび配線を収納する各種材料および機器類によって構成されます。エルガード工法のような外部電源方式においては，防食電流の供給源は直流電源装置であり，防食電流をコンクリート中の鋼材に分配させるために陽極システム（陽極材，ディストリビュータ（電流分配材），通電点，陽極被覆材），排流端子および電線材が必要です。また，防食効果をモニタリングするシステム（モニタリングシステム）は，測定端子，照合電極，電線材（モニタリング用）および測定時に使用する直流電圧計によって構成されます。

　なお，流電陽極方式では直流電源装置は必要ありませんが，その他は同様の構成となります。

機能	材料および機器類
①防食電流の供給	直流電源装置（外部電源方式の場合）
②防食電流の分配	陽極システム（陽極材），ディストリビュータ（電流分配材），通電点，陽極被覆材，排流端子，電線材
③防食効果のモニタリング	モニタリングシステム (測定端子，照合電極，電線材，測定端子台，直流電圧計)
④配線の収納	接続箱，配管材（電線管等）

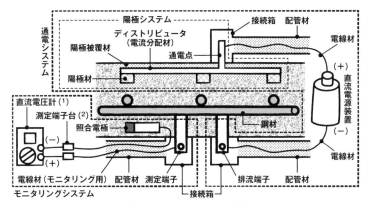

注 (1) 直流電圧計は一般に可搬式のものが用いられる
注 (2) 測定端子台は直流電源装置と一緒に筐体内に収納されるのが一般的である

Column 07
電気防食の歴史
電気防食の始まり

　電気防食の歴史を語るうえで，まず挙げられるのは Humphry Davy の名です。Davy は 1824 年（文政 7 年），46 歳のとき，イギリス学士院に報告を出し，船の外板防汚に使われている銅板に亜鉛か，鉄製の陽極を取り付けると，防食できることを明らかにしました。また，同年 4 月にイギリス軍艦サマラング号で防食用の鉄陽極を取り付ける実地実験を行い，結果，防止効果はあっても，防食で生成する皮膜のために銅の生物付着防止能力が損なわれることが分かりました。この時代は約 180 年前，日本では異国船打払令が出ている頃にあたります。

　1911 年（明治 44 年）にオーストラリアの E.Cumberland によって，復水器官の外部電源方式の特許が出されました。しかし，似たような考案が 1908 年（明治 41 年）にドイツで Geppert によりなされ，ドイツでは特許にならなかったものの，O.Lasche の本にGeppert-Cumberland による復水器の防食図として記載されました。これは，大型円盤状の電極を使用したものでした。日本では 1930 年（昭和 5 年）頃，東京電力潮田火力発電所において外部電源方式が実施され，他の発電所でも採用され，1957 〜 1958 年（昭和 32 〜 33 年）頃まで稼働していたものもありましたが，次第に小型の磁性酸化鉄電極を用いる方法に切り替えられました。Davy が電気防食の開祖と呼ばれる一方，電気防食の父と呼ばれる Robert J.Kuhn は埋設管電気防食の先駆者として，1928 年（昭和 3 年）に NBS 主催の第 1 回土壌腐食会議において，鉄面の電位が飽和硫酸銅電極基準でマイナス 850mV になると腐食電流がなくなることを明白に述べています。

　1970 年（昭和 45 年），彼は西ドイツで開かれたガス水道会議に招かれ，防食電位の発見者，また電気防食の父として表彰され，金メダルを受けました。この防食達成電位は今日でも広く用いられ，電気防食発展に大きく寄与しています。

入門編 Question 05 電気防食にはどのような陽極材が用いられていますか？

Answer 〜〜〜〜〜〜〜〜〜〜〜〜〜〜〜〜〜〜〜

　陽極は，その配置形状から，面状陽極，線状陽極，点状陽極の3種類があります。面状陽極は，防食対象面に対し，面状に設置します。これにはチタンメッシュ陽極があり，電流分布の均一性に優れています。補修の場合，面状陽極を全面に施工するため，塗膜がある場合は全面除去が必要ですが，美観の向上が期待できます。

　線状陽極は，防食対象面に対し，線状に所定の間隔で設置します。これにはチタンリボンメッシュ陽極，チタンリボンメッシュ陽極をV型に加工したチタンリボンメッシュRMV陽極があります。新設の構造物に適用する場合，鉄筋組み立て時に簡単に取り付けられ，コンクリートの打設にも影響しません。既に被覆工法で補修されている構造物の場合，塗膜の除去などの下地処理を全面に施す必要がありません。

　点状陽極は，防食対象面にドリルで削孔し，そこに挿入します。このため，表面からは点状に設置しているようにみえます。これにはチタンリボンメッシュ陽極を点状配置用に加工した陽極があります。部分的な陽極の設置ができるため，局部的な防食に有効です。

陽極材の種類

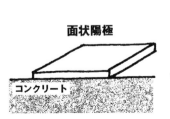
面状陽極
コンクリート

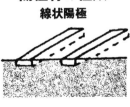
線状陽極

点状陽極

また，陽極システムの設置方法は，下表のように様々な方式が提案されており，電気防食を適用する構造物の種類や環境条件，施工条件により使い分けられています。詳細については「電気化学的防食工法指針」（土木学会コンクリートライブラリー 157）の中の電気防食工法標準，「1.3 電気防食工法の方式」に記載されています。

■陽極システムの設置方法の分類

防食電流の供給方法	陽極システムの形状	陽極システムの設置方法（注）
外部電源方式	面状陽極方式	外部設置方式
		吹付・塗布方式
		溶射方式
		接着方式
	線状陽極方式	埋設方式
		接着方式
	点状陽極方式	埋設方式
流電陽極方式	面状陽極方式	接着方式
		溶射方式

※土木学会コンクリートライブラリー 157「電気化学的防食工法指針」

（注）
外部設置方式：陽極材を取り付けた後に陽極被覆材を施すもの
吹付・塗布方式：一次陽極材を固定後，二次陽極材の導電性塗料や導電性モルタル等をコンクリート表面に塗布するもの
溶射方式：金属溶射等によってコンクリート表面に皮膜状の陽極システムを形成するもの
埋設方式：コンクリート表面に溝や孔等を設け，そこに陽極被覆材やバックフィル材等で陽極材を埋設するもの
接着方式：保護カバー内に陽極材を設置し，さらに陽極被覆材やバックフィル材等を充填して一体化したものをコンクリート表面に接着するものと，保護カバーと陽極材を先にコンクリート表面に設置し，その後，表面被覆材やバックフィル材を注入するものがある。固定方法はアンカーボルトやシール材等がある

電気防食は
どのようなところに適用しますか？

Answer 〜〜〜〜〜〜〜〜〜〜〜〜〜〜〜〜〜〜〜〜〜〜

電気防食は，様々な環境にあるコンクリート構造物に適用できます。

電気防食は，塩害や中性化によるコンクリート中の鋼材の腐食対策として用います。すなわち，その適用対象は，鋼材の腐食が問題となるコンクリート構造物や，これからの供用期間中において問題となる可能性のあるコンクリート構造物です。もちろん，新設構造物やプレストレストコンクリート（PC）にも適用できます。

「電気化学的防食工法指針」（土木学会コンクリートライブラリー157）においては，現状の技術レベルでの適用範囲を次頁以降の表のように規定しています。

これらのうち，環境に関する適用対象で，干満帯部や海中部への適用に際しては検討が必要です。これは，これらの環境が大気中部とは異なるため，必要となる防食電流密度の均一性を考慮し，防食回路を分離させるなどの対策が必要なためです。

なお，均一性が損なわれ，部分的に過剰な通電量となった場合，陽極材の周囲で塩化水素等が発生し被覆モルタルの劣化に繋がる可能性があるので，注意が必要です。➡ Column│08

劣化程度においては，加速期や劣化期の場合，防食対象とするコンクリート構造物には劣化が顕在化しており，このような場合には，他の補修工法や補強工法を併用して，電気防食工法を適用します。

PC鋼材を含む部材に，電気防食を適用し，過剰な通電量になった場合には，PC鋼材が水素脆化する可能性があるので，鋼材の電位を水素が発生しないようにするための設計ならびに維持管理が必要です。➡ **入門編**│**Q14**

また，PC 鋼材に限らず過剰な通電量になった場合には，鋼材周囲のコンクリートが軟化し，鋼材とコンクリートとの付着力が低下する可能性があるので，同様に，適切な設計ならびに維持管理が必要です。

ポストテンション方式の PC 部材では，シース内部の PC 鋼材は一般に防食対象にはできません。これはシース内部の PC 鋼材の表面に防食電流が到達しないためです。ただし，シースが金属製で，かつ，腐食によってシース内部の PC 鋼材が露出しているような部位では，適切な措置を行えば PC 鋼材の表面に防食電流が到達します。そのような部位では，PC 鋼材を防食対象として取り扱うことができます。

アルカリシリカ反応（以下，ASR）が懸念される構造物への適用にあたっては，電気防食を適用することによって ASR が助長される可能性があるので，「電気化学的防食工法指針」（土木学会コンクリートライブラリー 157）の附属資料 15（ASR に配慮した電気化学的防食工法の適用に関するガイドライン（案）[日本材料学会]）を参考にして，「電気防食の適用の可否や実施方法を決定するのがよい」とされています。

■電気防食工法の適用例

既設および新設への適用

適用対象			劣化機構	
			塩害	中性化
既設構造物	劣化過程	潜伏期	○	○
		進展期	○	○
		加速期前期	○	○
		加速期後期	△	△
		劣化期	△	△
新設構造物	予防維持管理		○	○

凡例
○：適用対象　△：適用は可能だが，配慮事項が多いため十分な事前検討が必要　−：適用対象外

環境および部材への適用

適用対象			劣化機構	
			塩害	中性化
環境	陸上部・内陸部		○	○
	海洋環境	大気中部	○	○
		飛沫帯部	○	○
		干満帯部	△	△
		海中部	△	－
構造部材	RC		○	○
	PC		○	○

凡例
○：適用対象　△：適用は可能だが，配慮事項が多いため十分な事前検討が必要　－：適用対象外

用語の定義参考図　海洋環境レベルの定義

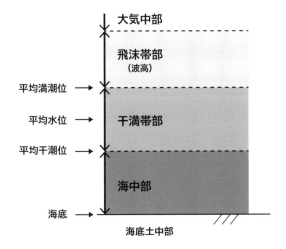

土木学会コンクリートライブラリー157「電気化学的防食工法指針」

61

■劣化機構による劣化進行過程の概念図

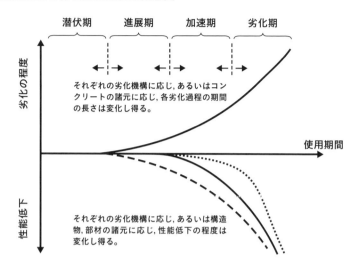

それぞれの劣化機構に応じ、あるいはコンクリートの諸元に応じ、各劣化過程の期間の長さは変化し得る。

それぞれの劣化機構に応じ、あるいは構造物、部材の諸元に応じ、性能低下の程度は変化し得る。

※土木学会コンクリート標準示方書【維持管理編；劣化現象・機構別】解説 図 1.2.3

■塩害における各劣化機構の定義

劣化過程	定義	期間を決定する主要因
潜伏期	鋼材の腐食が開始するまでの期間	塩化物イオンの拡散,初期含有塩化物イオン濃度
進展期	鋼材の腐食開始から腐食ひび割れ発生までの期間	鋼材の腐食速度
加速期	腐食ひび割れ発生により腐食速度が増大する期間	ひび割れを有する場合の鋼材の腐食速度
劣化期	腐食量の増加により耐力の低下が顕著な期間	

※土木学会コンクリート標準示方書【維持管理編；劣化現象・機構別】解説 表 6.1.1

Column 08
防食電流密度や陽極間隔の相違による
陽極被覆材寿命の試算例

　陽極被覆モルタルの劣化は，陽極材表面のアノード反応によって生じる酸により徐々に進行します。アノード反応によって発生する酸は，通電状況（陽極材への通電量）によって異なります。防食電流密度や陽極間隔を各種変えたときの被覆モルタルの劣化（耐用年数）について，pH の低下に着目して試算した例を下図に示します。これは 20mm × 20mm の溝内に線状陽極を設置した条件です。初期の防食電流密度に対して，通電期間が長くなると防食電流密度は経年で減少する傾向にありますが，線状陽極 20cm 間隔で 3mA／㎡の通電では 40 年後に pH 低下となり被覆モルタルの寿命の目安と考えられます。このように，被覆モルタルに着目した電気防食の有効期間は 40 年以上と考えることができますが，これはあくまで目安であり，土木学会コンクリートライブラリー157「電気化学的防食工法指針」などに準拠した維持管理が必要なことは言うまでもありません。詳しくは，本誌 Q&A 維持管理編を参照してください。

■線状陽極を 20 × 20mm 断面に設置した時，
陽極被覆モルタルの劣化を pH 低下に基づき試算した寿命の例

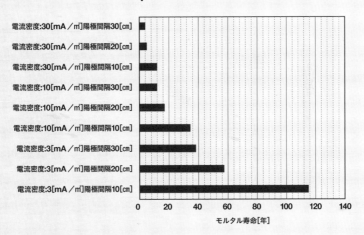

入門編
Question
07
外部電源方式の電気防食を適用できない施設や立地条件はありますか？

Answer

基本的にはありません。

外部電源方式の電気防食は，防食電流を供給するための電源設備が必要です。通常は，商用電源（100Vまたは200Vなど）を用い，交流を直流に変換して使用していますが，山間部や離島などでは商用電源が確保できない場合があります。このような場合には，ソーラー発電や風力発電などを利用して電源を確保し，電気防食を行うことが可能です。ただし，このような再生可能エネルギーを使用する場合は，十分な防食を達成できるのかどうか，得られる電力量と防食対象部位に必要な防食電流量の関係を検討する必要があります。

また，揚油桟橋などに電気防食工法を適用する場合などは，通常，これらの施設は防爆区域となっている場合が多いため，電気設備に防爆対策を講じなければなりません。外部電源方式の電気防食における対策としては，防爆区域内に設置する直流電源装置や中継用接続箱などを防爆対応型の電気設備とすることや，防爆区域外に電源を設置することなどがあります。

■ソーラーシステムを用いた直流電源装置

■防爆対応型の直流電源装置

防爆対応型直流電源装置の外観

防爆容器の外観。この中に直流電源装置が収納されている

入門編 Question 08 電気防食はどの程度劣化したものに適用できますか？

Answer

　電気防食は，適用する構造物の劣化程度に関係なく，適用することができます。すなわち，➡ **入門編｜Q06** にあるように，電気防食は予防維持管理を目的とした新設構造物への適用から，劣化損傷が非常に激しく，大規模補修・補強工事を必要とするような既設構造物への適用まであらゆる構造物に適用できます。なお，構造物の劣化損傷が非常に激しい場合には，各種の補強工法と併用して電気防食工法を適用します。

　特に電気防食では，コンクリート中の含有塩化物イオン量（塩化物イオン濃度）に関係なく防食できるため，はつり量や断面修復の範囲を小さくすることができます。➡ **基礎編｜Q13**

　ただし，電気防食では，コンクリートを介して防食電流が供給されるため，断面欠損箇所は，モルタルまたはコンクリートで修復しなければなりません。また，浮き・剥離部は，電気を通さない空気層がコンクリート中に存在することになり，防食効果が得られなくなるため，これらをはつり取って，断面修復を行わなければなりません。➡ **施工編｜Q06**

　また，ひび割れに対する補修は，ひび割れ幅が軽微で活荷重による動きがない場合には，対策を行う必要がありません。軽微なひび割れの場合，防食電流の流れを大きく阻害することなく，十分に防食効果を得ることができるためです[※1]。これら以外のひび割れは，セメント系のひび割れ注入材で補修し，電気防食の効果によって，コンクリート中の鋼材を腐食から保護します。

　なお，補強工事と併用する場合には，補強に用いる鋼材が陽極と接触しないように設計および施工に配慮しなければなりません。➡ **入門編｜Q13**

※I　小林，新田：コンクリート中のひび割れが電気防食実施時における電流分配に与える影響についての解析的検討，材料　第 71 巻，No.7, pp.623-630, 2022.7

電気防食の効果は
どの程度の範囲まで及びますか?

関連Q ➡ 入門編 Question 08

Answer 〰〰〰〰〰〰〰〰〰〰〰〰〰〰〰〰〰〰〰〰〰

　図は，チタンメッシュ陽極による電気防食時の陽極端部での復極量の変化を実験的に求めた結果です※。復極量は，電気防食の効果を把握する指標の一つです。

　この図に基づくと，復極量は，陽極端部からの距離が離れるに従い小さくなっています。すなわち，これは陽極からの距離が離れるに従い防食効果が徐々に小さくなっていることを示しており，陽極からの距離がある程度離れたところでは，電気防食による防食効果がほとんど得られなくなります。

　なお，電気防食の効果が得られる範囲は，陽極材の種類や配置，通電電圧や電流の大きさ，コンクリートの水分量などの状態，鋼材の腐食状態，配筋量，かぶり，および電気防食期間などの要因によって変化します。

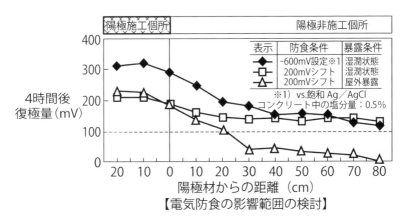

【電気防食の影響範囲の検討】

※武若耕司：コンクリート構造物における電気防食法の現状，コンクリート工学　Vol.30，No.8，1992.8

入門編 Question 10

電気防食はコンクリート表面にある金属（附帯物等）に悪影響を及ぼしませんか？

Answer 〰〰〰〰〰〰〰〰〰〰〰〰〰〰〰〰〰〰〰〰〰〰

　設計・施工の各段階で適切な処理を実施するため，電気防食がコンクリート表面にある金属に悪影響を及ぼすことはありません。

　コンクリート構造物の表面には，鋼製排水桝や鋼製点検路などの金属（附帯物等）が取り付けられている場合があります。これらの金属は，電気防食の防食対象外として防食設計を行いますが，これらの金属が陽極と接触，または近接した場合には，陽極から金属に電流が流れ込み，その金属から防食対象鋼材に電流が流出することで，金属が想定外の腐食を起こす（電食）場合があります。

　電気防食の設計や施工においては，この電食を防ぐため次のような対策をとります。コンクリート表面に電気防食対象外の金属がある場合，陽極と当該金属の離隔距離は15cm程度離します。当該金属を電気防食対象とする場合，あるいは防食対象外の金属で15cm以上の離隔距離を確保できない場合は，コンクリート中の防食対象鋼材と電気的に導通させる（ボンド処理）ことで，電食を防ぎます。

　また，桟橋などにおいては，鋼管杭に電気防食が施工されている場合がありますが，このような場合には，鋼管杭の防食とコンクリートの防食が個々の防食回路として機能するように，コンクリート構造物の電気防食範囲を決定します。

　なお，既設のコンクリート構造物には，新設時の施工に用いられたセパレータなどがコンクリートの表面に存在する場合がありますが，これらのうち，電気防食対象部に存在し，陽極と接触する可能性がある場合には，除去しなければなりません。　➡ **施工編 Q07**

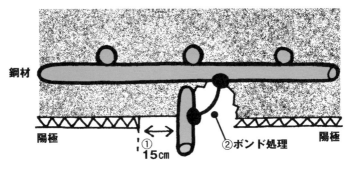

鋼材

陽極　①　②ボンド処理　陽極

15㎝

除去できないコンクリート表面金属の対処方法
①陽極から15㎝離す：防食対象としない場合
②ボンド処理：防食対象とする場合

セパレータの処理状況

Column 09
PC 橋への適用事例

写真の PC 橋には，チタンメッ
シュ陽極方式により，桁下面，
側面，張出し床板に電気防食が
適用されています。施工面積は
3750㎡，防食回路は 15 回路
です。

入門編 Question 11
電流を流すことで人体やコンクリートへの影響はありませんか？

Answer

　電気防食で防食回路にかかる電圧は，通常 2 〜 5V 程度です。電流は，防食回路を 300㎡として，3 〜 6A 程度です。10㎝四方では 0.1 〜 0.2 mA しか流れていません。このように極めて微小な通電量ですから，適切に管理すれば人体やコンクリートへの影響はありません。➡ **施工編** | **Q04**

　電気防食施設は電気設備技術基準により，直流電源装置の出力電圧を 60 V 以下とすることや，アース（接地）をとらなければならないことが定められています。

　これらは，電気防食による通電が，人体や周辺金属に影響しないよう安全に運転するための基準です。

　コンクリート構造物の電気防食の施工実例では，直流電源装置の出力電圧はさらに低く，30V 以下です。 ➡ **設計編** | **Q20**

　なお，まれに出力電圧が 10V を超えて高い場合があります。かつ桟橋の上部工下面に電気防食を施工するときなどで，桟橋下の海面に近い足場上で人が作業する際に，足元が海水で濡れていると人体が低接地となり，桟橋下面に設置した陽極を直接素手で触ると，電流が集中して流れ，ピリッと感電する場合があります。出力電圧が高い場合や体が濡れている場合は，陽極や陽極に通じる電線を直接手で触れないように念のため注意しましょう。

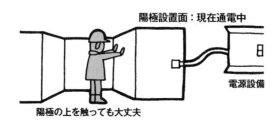

陽極設置面：現在通電中
電源設備
陽極の上を触っても大丈夫

既に補修してある構造物に適用する場合の注意点は何ですか？

関連Q ➡ 入門編 Question **13**

Answer 〰〰〰〰〰〰〰〰〰〰〰〰〰〰〰〰〰〰〰〰

　電気防食では，コンクリート構造物の表面に設置した陽極システムから，コンクリートを介して防食対象とする鋼材に防食電流を流すことで防食効果が得られます。したがって，既に補修してある構造物に適用する場合は，電流分布が均一となるように設計・施工する必要があります。

　コンクリート構造物に対する補修としては，表面処理，断面修復，ひび割れ補修などがあります。これらの補修に用いた材料（表面被覆材，表面含浸材，防錆剤，断面修復材，ひび割れ注入材など）の電気抵抗率がコンクリートと大きく異なる場合は，防食電流の分布が不均一となるおそれがあります。このような材料が使われていないか，その構造物の補修履歴をよく調査することが肝心です。

　エポキシ樹脂などでコンクリート表面が被覆されていた場合は，これが電気的絶縁層となるため，陽極システムの設置部位では必要に応じてこれらを除去する必要があります。ポリマーセメントモルタルなど，コンクリートに比べ電気抵抗率が高い断面修復材は，これが電流分布に与える影響や除去の必要性を設計段階で検討しなければなりません。有機系のひび割れ補修材は，線状陽極方式や点状陽極方式を適用する場合，特に注意してください。

　電気防食を適用する場合，電気抵抗率の高い材料または絶縁性の材料は電流が流れないため使えません。すなわち，断面修復材と既存コンクリートの接着強度を確保するためにプライマー等の下地処理材を塗布する場合は，使用する材料が過度に防食電流を妨げないことを事前に確認する必要があります。

電気防食を適用する際に注意すべき既存補修履歴の例

有機系のひび割れ注入材　　　　　　　　有機系の表面被覆材

コンクリート

電気抵抗率が著しく
高い断面修復材

鋼材

Column 10
電気防食の歴史
日本での発展：大正時代〜 1945 年（昭和 20 年）

　1930，1931 年（昭和 5，6 年）頃，火力発電所でカンバーランド法が施工されていました。同じ頃，アメリカでは地下埋設管に電気防食が行われるようになり，日本でもこの頃から，電気試験所で電気防止の研究が始まり，1931 年（昭和 6 年）に設立された電食防止研究委員会が電気学会から『電食防止操典』（現在の『電食・土壌腐食ハンドブック』の 3 代前身）が 1936 年（昭和 11 年）に出されています。この操典には福岡市外通信ケーブル選択排流施設時の鉛被電流・電位平均曲線図（1933 年〈昭和 8 年〉7 月測定）が載っており，酸化銅排流器が使用され，排流電流は平均20Aとなっています。また，横浜市弘明寺付近の通信ケーブルに強制排流施設時の鉛被電流・電位平均曲線図（1935 年〈昭和 10 年〉3 月測定）があります（現在の外部電源方式を当時は強制排流と言った）。その他，1933 年（昭和 8 年）10 月，天王寺駅構内の通信ケーブルの電食防止に 12V1A の直流電源装置で防食し得ることが分かったので，本設備をつくったとあります。

　第二次大戦中，海軍の要望に基づき，日本学術振興会（学振）の腐食防止小委員会の傘下に海水による腐食の防止に関する部会が設置され，電気防食の基礎研究に着手しましたが，戦局が苛烈になるに従い，研究は中断せざるを得ませんでした。陸軍においても 1944 年（昭和 19 年），海水による鉄の銹化の防止に関する研究（第 1 報・第 2 報）があり「海水中に於ける鉄の実用的防銹（防錆）方法としては保護亜鉛の使用及び電流作用による防銹法は適切なり」と結論づけています。上述のように，電気防食は日本においても，早くから研究され，取り入れられてきたことが分かります。

電気防食は他の補修工法や補強工法と併用できますか？

関連⊙ 入門編 Question 06

Answer

電気防食工法と他の補修・補強工法との併用は可能です。

しかし，電気防食を他の補修・補強工法と併用する場合，その構造物にとって，どの対策に緊急性があるのかを判断しなければなりません。残存予定供用期間や第三者影響度を考慮し，延命させた方がよいのか，更新するのがよいのかによっても適否が変わります。電気防食はあくまでも鋼材の腐食を抑制する補修工法です。補強が必要な場合には，当該構造物に必要な補強工法を併用できるかを検討しなければなりません。

一方，電気防食の施工時に実施する補修や補強の場合は，ひび割れ注入や断面修復に用いる材料の選定に注意する必要があります。➡ **設計編｜Q12**

また，電気防食を行ったコンクリート表面には表面被覆を行う必要がありません。これは，電気防食により防食効果は十分確保されるので，表面被覆による塩化物の侵入を防ぐ必要がないからです。連続繊維接着工法などの補強を行う場合には，電気防食の通電時に電気化学的反応によって陽極で発生する酸素や塩素ガスにより，シート材の膨れが生じる場合もあり，これらのガスがコンクリート表面から抜けるような設計・施工上の配慮も必要です。

さらに，外ケーブルなどの補強を行う場合には，補強に用いる金属が陽極システムと接触しないように設計・施工することが重要です。

■電気防食を補修・補強工法と併用する上での留意点

	補修・補強工法	留意・検討点
既設 補修・補強	有機系の ひび割れ注入	電気防食の効果に影響を及ぼさない範囲まで完全に除去，除去が難しい場合は陽極システムの配置を検討
	断面修復	高い電気抵抗率の材料は，電気防食の効果に影響を及ぼさない範囲まで完全に除去
	表面被覆	必要に応じて除去 面状陽極方式：全面除去 線状陽極・点状陽極方式：陽極システム設置部の除去
	表面含浸	必要に応じて除去 面状陽極方式：防食電流を阻害する場合は全面除去 線状陽極・点状陽極方式：防食電流を阻害する場合は，表面含浸材の浸透深さまで除去
	連続繊維接着	必要に応じて除去 除去による補強効果への影響を検討
	鋼板接着 桁増設 落橋防止装置 外ケーブルなど	陽極システムと補強鋼材を 15cm以上離す あるいは，ボンド処理を行う
電気防食 施工時 補修・補強	ひび割れ注入	無機（セメント）系のひび割れ注入材の使用
	断面修復	既設コンクリートと同程度の 電気抵抗率を有する材料の使用
	表面被覆	通気性のない材料の陽極システムへの全面施工不可
	表面含浸	防食電流を阻害する可能性のある表面含浸材は，施工不可
	連続繊維接着	使用繊維シートの設置方法の検討が必要 （ガス抜き方法等） 導電性（カーボン）繊維の場合は陽極システムの接触を避ける
	鋼板接着 桁増設 落橋防止装置 外ケーブルなど	陽極システムと補強鋼材を 15cm以上離す あるいは，ボンド処理を行う

入門編
Q13

防食管理指標とは何ですか？

関連Q 入門編 Question **18**

Answer

　防食管理指標（旧用語：防食基準）とは，電気防食による防食効果を判定する指標です。

　海水中や土壌中の鋼構造物の防食効果の判定は，鋼材電位が腐食を停止させる電位よりもマイナス（卑）側であることを確認することで実施されてきました。すなわち，海水中や土壌中にある鋼構造物の防食管理指標は，鋼材の防食電位を基準値（飽和硫酸銅基準でマイナス850mV以下）として定められてきました。

　土木学会コンクリートライブラリー157「電気化学的防食工法指針」では，コンクリート構造物に対する電気防食に対して以下の（1）〜（3）が防食管理指標とされています。

　（1）設計防食期間にわたって防食効果が発揮されるように防食管理指標を設定する。防食管理指標は，その項目を鋼材の分極量あるいは復極量とすること。およびその水準を100mV以上とすることを標準とする。

　（2）分極量または復極量で適正に防食効果を判定できないことが想定される場合は，鋼材の分極量あるいは復極量とは異なる防食管理指標を設定してもよい。

　（3）PC鋼材ではインスタントオフ電位も防食管理指標の項目とし，その水準は飽和硫酸銅電極（CSE）基準でマイナス1000mV（マイナス1000mV vs.CSEと書きます）よりもプラス方向（貴）側の電位を保つこととする。

一般的に，コンクリート構造物の防食管理指標は，これまでの実績や安全性を考慮し，防食管理指標（1）が用いられます。なお，特定の環境（下記，a)，b)，c)）では，防食管理指標（1）を用いても適正に防食効果を評価できない場合もあり，防食管理指標（2）を十分に検討し，設定してもよいとされています。

防食管理指標（1）を遵守しようとすると，防食電流を過剰に供給してしまう事態が発生するときがあります。これを回避するために，防食管理指標（2）を検討します。過剰に防食電流が供給されると，陽極電位が塩素発生電位よりもプラス（貴）側に変化することで塩素ガスが発生し，生成される次亜塩素酸が被覆モルタルに悪影響を及ぼす可能性があります。

a）鋼材の電位の復極速度が緩やかな場合

コンクリートの含水率が高い場合に，酸素の供給量が少なく所定の時間（一般的に 4 〜 24 時間）で復極量 100mV に到達しない場合があります。このような環境では，防食管理電位を飽和硫酸銅基準でマイナス790mV よりマイナス（卑）側 で設定できます。

b）鋼材オフ電位が経時的にプラス方向（貴側）に変化している場合

電気防食を長期間適用したときに鋼材周囲の環境改善により，復極量100mV 未満でも防食効果を有していることがあります。この場合は，防食対象の鋼材のオフ電位が飽和硫酸銅基準でマイナス 200mV よりもプラス（貴）側 であれば，鋼材の不動態皮膜は再生しており防食効果が得られていると判断できます。

c）港湾構造物の下部工に流電陽極方式の電気防食が適用されている場合

港湾構造物の下部工（鋼部材）には，流電陽極方式の電気防食が適用されていることが多く，上部工のコンクリート部に電気防食工法を適用すると，海中部の流電陽極材から供給される防食電流がコンクリート内部の鋼材にも供給されることがあります。このような場合は，防食効果を確認するための試験時期や H.W.L.（朔望平均満潮面）を基準位置として

防食電流量を変化するなどの検討を行うことで適切に管理できます。

防食管理指標（3）は，PC 鋼材では，鋼材の電位がマイナス側に変化しすぎると，鋼材表面で水素が発生し，これが原因で PC 鋼材が脆くなり破断にいたる場合があります（水素脆化）。そのため，コンクリート中の PC 鋼材表面におけるカソード反応により水素が発生しないように鋼材電位を管理する防食管理指標（3）が設けられています。具体的には，鋼材のインスタントオフ電位を飽和硫酸銅基準でマイナス 1000mV よりプラス方向に保つことで水素発生を抑制し，過防食から PC 鋼材を保護しています。➡ 入門編｜Q18

■主要機関が制定している防食判定基準の概要

制定機関	指針などの名称	制定年度	適用範囲	防食基準の内容
国立研究開発法人土木研究所[1]	電気防食工法を用いた道路橋の維持管理手法に関する共同研究報告書 ―電気防食工法の維持管理マニュアル（案）―	2018 年 7 月	常時大気中に暴露されている橋梁施設のコンクリート中鋼材	(1) 防食電流を供給する前後の鋼材電位変化量は，マイナス方向に 100mV 以上変化させることを標準とする (2) PC 鋼材は，飽和硫酸銅基準でマイナス 1000mV より貴な電位にしなければならない
NACE（米国）[2] National Association Of Corrosion Engineering	SP0290-2019 Impressed Current Cathodic Protection of Reinforcing Steel in Atmospherically Exposed Concrete Structures	2019 年 7 月	大気中に暴露された既設・新設のコンクリート構造物（PC 構造物を除く）外部電源方式限定	(1) 通電前の電位が最も卑な部分で，100mV 以上の分極または復極 (2) 復極後の電位がマイナス 200mVvsCSE より貴電位の場合，鉄筋は不動態化しているため 100mV 分極（復極）基準は要求されない (3) E-logI 試験（分極曲線測定）が初期の防食電流の決定に使われる
ISO（欧州）[3] the Internatioanl Organization for Standardization	ISO 12696:2016(E) Cathodic protection of steel in concrete	2016 年 12 月	大気暴露コンクリート中鋼材	(1) 24 時間以内の復極量が 100mV 以上 (2) 24 時間を超える測定では復極量 150mV 以上 (3) インスタントオフ電位マイナス 790mVvsCSE より卑 (1) ～ (3) のどれか 1 つを満たせばよい (4) 鋼材インスタントオフ電位は，普通鉄筋マイナス 1200mVvsCSE より貴，PC 鋼材マイナス 1000mVvsCSE より貴 (5) 鋼材自然電位（オフ電位）の貴化傾向は防食効果あり (6) 塩化物イオン濃度と鋼材孔食電位の関係

1) 国立研究開発法人土木研究所 共同研究報告書　第 501 号
2) NACE：National Associations of Corrosion Engineers，SP0290-2019
3) ISO 12696:2016(E)"Cathodic protection of steel in concrete",

入門編
Question
15

関連Q ➡ 入門編 | Question **14·16·17**

入門編
Q14
Q15

インスタントオフ電位とは何ですか?

Answer 〜〜〜〜〜〜〜〜〜〜〜〜〜〜〜〜〜

　コンクリート構造物の電気防食において，コンクリートに埋設された照合電極を基準として，通電中に測定された鋼材電位をオン電位と言います。

　このオン電位はみかけの鋼材電位です。なぜなら，オン電位には，真の鋼材電位の他に，通電により生じる電圧降下の影響が含まれているからです。この電圧降下は，照合電極から鋼材間のコンクリート抵抗分です。したがって，通電時の真の鋼材電位を知るには，この電圧降下の影響を除去する必要があります。この電圧降下の影響を除いた真の鋼材電位をインスタントオフ電位と言います。このインスタントオフ電位は，鋼材の分極量や復極量を測定するときに使用される電位です。➡ **入門編 | Q16·17**

　では，インスタントオフ電位はどのように測定されるのでしょうか？
防食電流供給中に測定される鋼材のオン電位とインスタントオフ電位，電圧降下分の関係は次のようになっています。

$$Eon = Eio + \Delta E$$

　ここで，Eon：鋼材のオン電位，Eio：インスタントオフ電位（真の鋼材電位），
ΔE：電圧降下分の電位（IR ドロップと呼びます）
　さらに，電圧降下分とは次式です。

$$\Delta E = -I \times R$$

　ここで，I：コンクリート構造物に供給される防食電流，R：照合電極から

鋼材までのコンクリート抵抗。

　これらの式から，電圧降下分の電位を測定電位から除去するには，I＝0，すなわち防食電流の供給を停止すればよいことが分かります。したがって，防食電流の供給を停止した直後に測定した電位がインスタントオフ電位になることが分かります。

　これにより，インスタントオフ電位とは，通電中の真の鋼材電位であり，下図のように，通電を停止した直後において測定される電位を指すことが分かります。

　ところで，コンクリートライブラリー157「電気化学的防食工法指針」では，陽極電位の測定も追記されました。陽極のオン電位 Ea,on，陽極インスタントオフ電位（真の陽極電位）Ea,io，照合電極から陽極間のコンクリート抵抗に伴う電圧降下 IR' の関係は以下です。

$$Ea,on=Ea,io+IR'$$

　ここで，Ea,on：陽極のオン電位，Ea,io：陽極インスタントオフ電位（真の陽極電位）IR の符号に注意してください。鋼材電気防食時には，鋼材は－IR，陽極は＋IR' です。

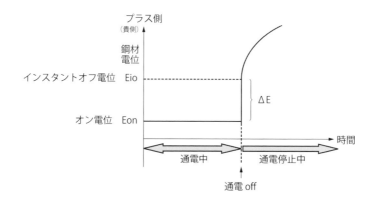

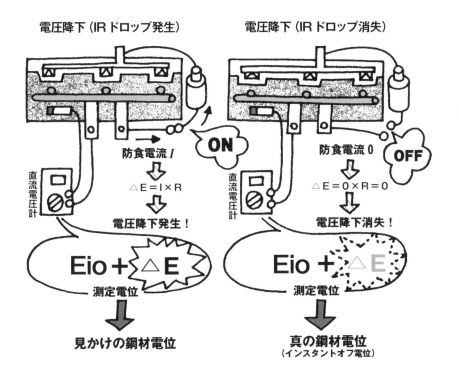

電圧降下（IR ドロップ発生）　　　　　電圧降下（IR ドロップ消失）

防食電流 I　　　　　　　　防食電流 0

ON　　　　　　　　　　OFF

$\triangle E = I \times R$　　　　　$\triangle E = 0 \times R = 0$

直流電圧計　　電圧降下発生！　　直流電圧計　　電圧降下消失！

Eio + $\triangle$E　　　　　Eio + $\triangle$E

測定電位　　　　　　　　　測定電位

見かけの鋼材電位　　　　真の鋼材電位
　　　　　　　　　　　　　（インスタントオフ電位）

Column 11
電気防食が適用される環境

電気防食は厳しい環境での適用が一般的です。

分極とは何ですか？

Answer 〜〜〜〜〜〜〜〜〜〜〜〜〜

　分極とは，電流を流すことによって鋼材の電位が変化する現象です。

➡ 施工編 | **Q18**

　コンクリート構造物の電気防食では，鋼材を陰極（カソード）としています。したがって，マイナスの防食電流をコンクリート構造物中の鋼材に供給すると，真の鋼材電位（インスタントオフ電位）はマイナス（卑）側へ変化します。この電位が変化する現象を分極（カソード分極）と言います。また，このときの変化量を分極量と言います。

　一般に，防食対象に供給する電流量を大きくすると，鋼材の分極量も大きくなります。次頁の図は，防食電流密度を徐々に大きくしたときの，鋼材の電位を示した概念図です。電流密度を大きくすると，鋼材の電位はマイナス（卑）側へ変化する，つまり分極することが分かります。

■防食電流と分極量との関係の概念

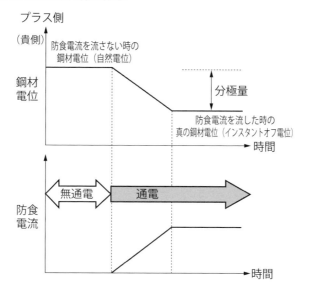

■分極量試験の概念（分極曲線）

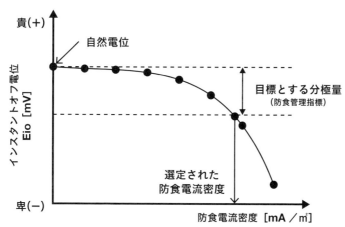

※土木学会コンクリートライブラリー 157 「電気化学的防食工法指針」解説図 4.12.2

復極とは何ですか？

関連Q ➡ 入門編 **Question 15・16** 施工編 **Question 18**

Answer ∿∿∿∿∿∿∿∿∿∿∿∿∿∿∿∿∿∿∿∿∿∿∿

　防食電流をコンクリート構造物に供給すると，鋼材の電位がマイナス方向へ変化（分極）することは前述しました。

➡ **入門編** Q14・18　➡ **維持編** Q06

　このとき，防食電流の供給を停止させると，マイナス方向に変化（分極）した鋼材の電位は，もとの電位に戻ろうとします。この現象を復極と言います。

　また，復極時の鋼材電位とインスタントオフ電位の差を復極量と言います。

➡ **施工編** Q18

　復極の速度は，コンクリート内部の鋼材への酸素の供給速度に影響を受けます。この酸素の拡散速度は以下の項目に影響を受けます。

- ・酸素の少ない環境（水中部だと酸素が少なく復極速度減少）
- ・水セメント比（水セメント比が低いと復極速度減少）
- ・コンクリートの水分量（高湿度の条件では空隙が液状水でふさがれるので復極速度減少）
- ・かぶり厚（かぶりが増大すると復極速度減少）
- ・コンクリートの緻密性（コンクリートが緻密になるほど復極速度減少）

　➡ **入門編** Q18　➡ **維持編** Q05

　一般に，防食対象に供給していた電流量が大きいと，鋼材の復極量も大きくなります。また，コンクリート構造物の電気防食において，復極は瞬時に達成されません。したがって，復極量を測定するときには，防食電流供給停止から測定までの時間を十分に確保することが重要です。➡ **入門編** Q18

■防食電流と復極量との関係の概念

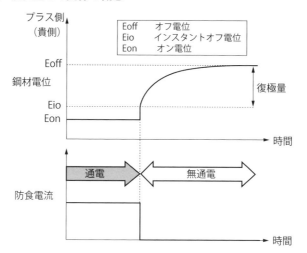

Column 12

暮坪陸橋の話

　暮坪陸橋は，山形県の海岸沿いを走る国道 9 号線にかかる橋梁で，日本で最初に塩害劣化が問題となった橋梁の 1 つです。

　この橋梁はポストテンション方式の PC 橋梁で，1965 年（昭和 40 年）に供用が開始されました。冬場には日本海からの季節風による海塩粒子が飛来し，コンクリート中に浸透していきました。その結果，1975 年（昭和 50 年）頃から，塩害による損傷が目立ち始め，1980 年（昭和 55 年）頃から補修が実施されました。補修方法は，断面欠損したコンクリート復旧と表面塗装でした。

　その後，1990 年（平成 2 年）頃には，再びひび割れや錆汁が認められ，再劣化が進行していきました。再劣化した橋梁を調査したところ，コンクリート中の PC 鋼材に破断が認められましたが，供用を止めることができないため，供用に支障がないように補強工事を行い，平行して新設橋梁の工事が始められました。1998 年（平成 10 年）に新しい橋梁が完成し，供用されています。30 年程度の供用でその寿命が終わった暮坪陸橋は，われわれに塩害の恐ろしさを教えてくれました。

電気防食の効果はどのような方法で確認するのですか？

関連Q ➡ 入門編 Question **14**

Answer 〜〜〜〜〜〜〜〜〜〜〜〜〜〜〜〜〜〜〜〜〜〜

　電気防食の効果は，防食管理指標（旧用語：防食基準）が達成されているか否かを測定することで確認します。➡ **入門編** | **Q14**

　この防食管理指標は，土木学会コンクリートライブラリー157「電気化学的防食工法指針」に記載されています。また，欧州のISO 12696:2016(E) "Cathodic protection of steel in concrete"，米国のNACE：National Associations of Corrosion Engineers，SP0290-2019などの基準に基づくものです。➡ **入門編** | **Q14**

　電気防食における防食効果は，施工時に設置した埋込み型の照合電極を用いて確認します。

　その確認は，通常，通電により鋼材の電位がマイナス方向（卑）に100mV以上変化していることを復極量試験によって確認します。この試験は，➡ **入門編** | **Q17** に示すように，通電を一時的に停止し，停止直後の鋼材のインスタントオフ電位（Eio）と一定の時間が経過した後（一般的に4〜24時間以上経過後）の電位（Eoff）の差を測定して，防食基準である100mVシフトが得られるかを確認する試験です。➡ **施工編** | **Q18**

　分極量は，通常，通電前の鋼材電位（自然電位）より，通電後の真の鋼材電位（インスタントオフ電位）がマイナス方向（卑側）に100mV以上変化していることで確認します。➡ **入門編** | **Q14** ➡ **維持編** | **Q06**

　なお，この分極量や復極量試験，過防食の管理には，照合電極を用いて鋼材の電位を測定します。このときに用いる直流電圧計は，高入力抵抗（100MΩ以上）のものを使用しなければなりません。

電気防食の効果は
どのくらいの期間有効ですか？

関連Q　入門編 Question **21**　維持編 Question **07**

Answer 〜〜〜〜〜〜〜〜〜〜〜〜〜〜〜〜〜〜〜〜

　電気防食の効果は，適切な維持管理により電気防食システムが適正に作動していれば，半永久的に有効です。すなわち，システムが作動し，防食電流が供給され，防食管理指標が達成されていれば，その効果は持続しています。防食効果が得られなくなる現象としては，防食電流が供給されないことであり，停電などがあります。なお，通電が停止しても直ちに腐食が進行するわけではありません。通電期間や構造物の環境にもよりますが，しばらくの間は防食効果は維持されます。これは電気防食の副次的効果により塩害環境が改善され鋼材の再不動態化などが起きているからです。➡ **基礎編** **Q15**

　陽極材は通電によって消耗していきます。しかし，エルガードシステムに用いられる陽極材は高耐久性であり，通電によって消耗することはほとんどありません。陽極材自体の消耗は定められている陽極電流密度で，40 〜 100 年の耐久性が保証されています。ただし，陽極材を被覆するモルタルは通電により劣化しますので適宜更新が必要です。➡ **入門編** **Q20**　➡ **設計編** **Q15**

　また，配線・配管材や電源装置などの劣化は通電の停止につながりますが，これらは交換可能です。維持管理において，その不備が発見された時点で交換することによって，対処することができます。➡ **維持編** **Q07**

　なお，これらの機器の選定にあたっては，通常，対象構造物の残存の供用年数と使用する機器の耐用年数を考慮して決定されますが，これまでの実績では10 〜 20 年程度が多いようです。➡ **入門編** **Q21**

陽極材の耐久性は
どの程度ありますか？

Answer 〜〜〜〜〜〜〜〜〜〜〜〜〜〜〜〜〜〜〜〜〜〜

陽極材の耐久性は，陽極材を構成する材料により異なります。

チタンメッシュ陽極やチタンリボンメッシュ陽極などは，高純度チタンを基材として表面に貴金属酸化物の触媒が焼き付けてあります。これにより，基材のチタン自身は消耗しません。また，触媒も元々酸化物のため，それ以上酸化されて消耗することはほとんどなく，40 〜 100 年の耐用年数があります。

➡ 設計編 | Q15

ただし，陽極を被覆するモルタルは徐々に劣化していきますので，適宜更新が必要です。

カーボン系の陽極材を用いたものは，通電に伴いカーボンが消耗します。耐用年数は，カーボン量と通電電流量に依存する消耗速度とによって決まります。流電陽極方式で用いられる陽極材としては，亜鉛系陽極材が一般的です。流電陽極方式では，亜鉛が消耗することで防食電流が供給されるため，20 年程度で陽極材を交換する必要があります。

電気防食システム全体の耐用年数はどの程度ですか？

関連Q ▶ 入門編 Question **19** 維持編 Question **07**

Answer 〰〰〰〰〰〰〰〰〰〰〰〰〰〰〰〰〰〰〰〰〰〰〰〰〰〰

　外部電源方式の電気防食システムでは，陽極システム（陽極材，ディストリビュータ，通電点，陽極被覆材），排流端子，配線・配管，直流電源装置およびモニタリングシステム（照合電極ほか）が必要です。➡ **入門編｜Q04**

　陽極システムは，その材質により耐用年数が異なります。貴金属酸化物触媒を焼き付けしたチタン系陽極材は 40 ～ 100 年の耐用年数を有しますが，陽極被覆モルタルは適宜更新する必要があります。チタン系貴金属酸化物以外の材質では供用期間中に陽極材自体の交換が必要となる場合もあります。

➡ **入門編｜Q20**

　配線・配管材は，通電により消耗しません。ただし，配線の被覆材や配管材は樹脂製のものが多く，樹脂材は紫外線に弱いものが多いので，定期的な更新が必要です。配線・配管材の固定材は厳しい塩害環境ではステンレス製等の耐食性金属を用いる場合もありますが，それでも腐食が進行することもあります。

　例えば，紫外線の影響を受けない桟橋下面では，配線・配管材は耐用年数 30 年以上の実績がありますが，一方で台風等の荒天時の波浪により桟橋下面の固定材が損傷を受け，配線・配管材が施工後まもなく脱落した事例もあります。

　直流電源装置は，電気部品の集まりです。直流電源装置は，ほこりなどによる故障が生じやすいため，定期的なメンテナンスが重要です。また，電気部品のうち，コンデンサーや冷却ファンモーターなどは 10 年程度で寿命となる場合が多いため，これら消耗品の交換が必要です。

　このように構造物の立地環境や供用年数に応じた材質や設置位置の選定が重要です。

■電気防食に用いる機材の更新目安

機材名	更新の目安
陽極材（エルガード陽極）	40 〜 100 年
陽極被覆モルタル	陽極を被覆するモルタルは通電により徐々に劣化するので，劣化に応じて適宜更新が必要（部分的更新も可）
照合電極	20 年程度を目安に点検，更新
排流 / 測定端子	40 年程度を目安に点検，更新
配線・配管材	10 〜 20 年を目安に点検，更新（部分的更新も可）
直流電源装置	10 〜 20 年を目安に点検，更新（部分的更新も可）

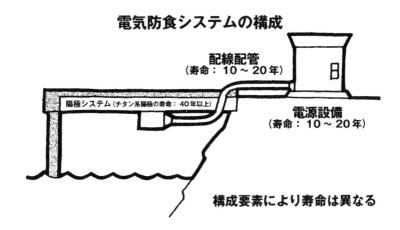

電気防食システムの構成

配線配管
（寿命： 10 〜 20 年）

陽極システム（チタン系陽極の寿命： 40 年以上）

電源設備
（寿命： 10 〜 20 年）

構成要素により寿命は異なる

Column 13
これまでに使われてきた陽極材

コンクリート構造物への電気防食の実証第一号は，珪素鉄の鋳物によるもので，1974年にアメリカ，カリフォルニア州で試験施工されました。この電極（導電性オーバーレイ方式）は，写真1のような30cm程度の非常に重たい円盤状のものでした。数年間のテストで電気防食の有効性は立証されましたが，短寿命で実用化はされませんでした。

次に陽極材として着目されたのは，カーボン（炭素）です。炭素繊維をコンクリートやアスファルトに混ぜて陽極とするストリップオーバーレイ方式，一定間隔に溝を切り，そこに白金ニオブ銅線を入れカーボンを混入したペーストを流し込む溝式ノンオーバーレイ方式（写真2），無機系の塗料にカーボンを混入した導電性塗料方式などです。いずれも，通電によりカーボン自身が消耗してしまい，寿命が短いことが問題となりました。その後，カーボンにニッケルメッキした炭素繊維を用いる導電性モルタル方式など，カーボンの消耗を抑えた製品も登場しました。陽極は通電すると，酸素による消耗が避けられません。安くて寿命の長い金属系陽極を開発することが，コンクリート構造物の電気防食技術を実用化する上で，最大の課題となりました。そこで，網状に陽極を加工することで長寿命化できないか？とのアイデアが生まれました。カーボンの粉末をポリエチレンなどの高分子と混練し，中心に白金メッキチタン線を入れて電線状に押し出したものを電極とする方法（導電性プラスチック方式）です。鉛筆程度の太さがありましたが，低い電流密度でどうにか寿命を確保することができました。

このような経緯を経て，全く異なる分野におけるある発明がコンクリート構造物の電気防食に用いる陽極に画期的な技術革新をもたらしました。苛性ソーダは，黒鉛電極による海水の電気分解で製造されていました。この黒鉛電極は非常に短寿命でしたが，米国エルテック社が金属チタンの表面に貴金属の酸化物を焼付けコーティングした高耐久的な陽極を開発，全世界の工業用電解槽プラントがこの電極に取って変わりました。

これをコンクリート電気防食用陽極に技術転換したのがエルガードシステムに用いられているチタンメッシュ陽極やチタンリボンメッシュ陽極です。コンクリート構造物の電気防食技術を実用化する上で最大の課題であった陽極の長寿命化の夢をチタンメッシュ陽極の登場で実現化したのです。（次頁写真：チタンメッシュ陽極）

■コンクリートの電気防食の歴史

1) 珪素鉄の鋳物による電極（1974年頃）　　2)溝式オーバーレイによる電極の施工(1985年頃)

89

■アメリカでの道路橋床版上面への施工例

3）チタンメッシュ陽極の設置状況
アメリカでは凍結防止剤の影響により，
橋梁床版上面が損傷する事例が多い

電源方式	陽極方式	電気防食方式	陽極材	年次
外部電源方式 （直流電源装置）	面状陽極	導電性オーバーレイ方式	高珪素鋳鉄と 導電性アスファルト	'73 〜 '85
		導電性プラスチック方式	白金メッキチタン線を 導電性プラスチックで 被膜した線材	'85 〜 '91
		チタンメッシュ陽極方式	チタンメッシュ陽極	'84 〜
		パネル陽極方式	チタンメッシュ陽極	'93 〜
		導電性塗料方式	白金チタン線と導電塗料	'85 頃〜
		チタン溶射方式	チタン溶射皮膜	'00 頃〜
		導電性モルタル方式	白金ニオブ銅線と 導電性ポリマーセメント	'95 頃〜
	線状陽極	溝式ノンオーバーレイ 方式	白金ニオブ銅線と 導電性ポリマーグラウト	'78 〜 '90
		ストリップオーバーレイ 方式	炭素繊維と 導電性ポリマーグラウト	'78 〜 '90
		チタンリボンメッシュ 陽極方式	チタンリボンメッシュ 陽極	'88 頃〜
		チタングリッド方式	チタングリッド陽極	'92 頃〜
	点状陽極	チタンロッド方式	チタンロッド陽極と 炭素系バックフィル	'90 頃〜
		チタンリボンメッシュ 陽極方式	チタンリボンメッシュ 陽極	'00 頃〜
流電陽極方式 （電源装置不要）	面状陽極	亜鉛シート方式	亜鉛シート板	'86 〜
		亜鉛・アルミ 擬合金溶射方式	亜鉛・アルミニウムと 擬合金溶射皮膜	'80 頃〜

改訂版
コンクリート構造物の
電気防食
Cathodic Protection of Steel Reinforced Concrete
Q&A

Chapter

3

設計編

設計編 Question 01 電気防食の設計で参考にする図書や基準にはどのようなものがありますか？

Answer 〜〜〜〜〜〜〜〜〜〜〜〜〜〜〜〜〜〜〜〜〜〜〜

　電気防食の設計に関する資料としては，以下が参考となります。また，本書も設計に関する疑問点について解説していますので，参考にしてください。

　　・土木学会コンクリートライブラリー 157

　　　「電気化学的防食工法指針」，2020.9

　電気防食技術や腐食防食に関する文献は，下記委員会報告に文献調査結果がとりまとめられています。

　　・土木学会コンクリート技術シリーズ 26

　　　「鉄筋腐食・防食および補修に関する研究の現状と今後の動向」

　　　　－コンクリート委員会腐食防食小委員会報告－

　　・土木学会コンクリート技術シリーズ 40

　　　「鉄筋腐食・防食および補修に関する研究の現状と今後の動向（その2）」

　　　　－コンクリート委員会腐食防食小委員会（2期目）報告－

　　・日本コンクリート工学協会（現　日本コンクリート工学会）

　　　「電気防食工法研究委員会報告書」，1994.10

　また，電気防食の設計や施工は，通常の土木構造物と同様に以下のような基準に準じて，これを実施する必要があります。

　　・土木工事共通仕様書（国土交通省）

　　・港湾工事共通仕様書（国土交通省）

　　・土木工事安全施工指針（国土交通省）

　　・港湾工事安全施工指針（国土交通省）

・JIS 規格（経済産業省）

　なお，電気防食工法においては，その名の通り電気を用いて防食を行う工法であるため，電気に関する基準に従った設計を行う必要があります。その基準としては以下があります。

　・電気設備技術基準（経済産業省令）

その他，以下のような図書も参考になります。

　・（財）沿岸技術研究センター　沿岸技術ライブラリーNo.49「港湾の施設の維持管理技術マニュアル（改訂版）」，2018.7

　・（財）沿岸技術研究センター　沿岸技術ライブラリーNo.50「港湾コンクリート構造物補修マニュアル」，2018.7

　・東京港埠頭（株）「土木施設維持管理マニュアル」，2012.11

　・東京港埠頭（株）「桟橋劣化調査・補修マニュアル」，2012.11

　・国立研究開発法人土木研究所　共同研究報告書No.501「電気防食工法を用いた道路橋の維持管理手法に関する共同研究報告書─電気防食工法の維持管理マニュアル（案）」，2018.7

　・国立研究開発法人土木研究所　共同研究報告書No.502「電気防食工法を用いた道路橋の維持管理手法に関する共同研究報告書─電気防食工法の維持管理の課題に関する研究成果─」，2018.7

　・国立研究開発法人土木研究所　共同研究報告書No.516「電気防食工法を用いた道路橋の維持管理手法に関する共同研究報告書（その2）─実橋を活用した調査および間欠通電方式の基礎的検討─」，2020.3

　・港湾の施設の技術上の基準・同解説（日本港湾協会）

　・港湾法

　・港則法

2020年9月発刊の土木学会コンクリートライブラリー 157「電気化学的防食工法指針」の目次および付属資料の電気防食関連の項目を下記に紹介します。

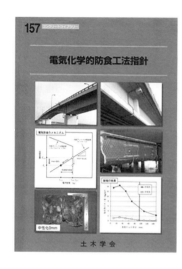

「電気化学的防食工法指針」※

[目次]
共通編
第1章　総　則
第2章　概　要
第3章　設　計
第4章　施　工
第5章　維持管理
第6章　記　録

工法別標準；電気防食工法標準
第1章　概　要
第2章　適用範囲
第3章　設　計
第4章　施　工
第5章　維持管理

付属資料（電気防食関係のみ抜粋）CD-ROM
資料1　　調査方法の概要
資料2　　各構造物管理者の工法選定フロー
資料3　　電気化学的防食工法のLCC・
　　　　　LCCO2の算定方法および算定事例
資料4　　電気防食工法：設計・施工・
　　　　　維持管理のケーススタディ
資料5　　電気防食工法：陽極方式の概要と実施例
資料6　　電気防食工法：分極量または復極量と
　　　　　防食効果との関係
資料7　　電気防食工法：照合電極の性能低下時の作動
資料8　　電気防食工法：不具合とその対策に関する事例
資料15　 ASRに配慮した電気化学的防食工法の
　　　　　適用に関するガイドライン
付録　　　電気化学的防食工法のLCC算定シート

※土木学会コンクリートライブラリー157「電気化学的防食工法指針」，土木学会，2020.9

電気防食の設計成果品には
どのようなものがありますか？

Answer 〜〜〜〜〜〜〜〜〜〜〜〜〜〜〜〜〜〜〜〜〜〜〜

電気防食の設計は，通常，以下の項目についての検討を行います。

➡ 設計編│Q04

設計編
Q01
Q02

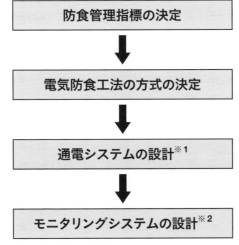

防食管理指標の決定

⬇

電気防食工法の方式の決定

⬇

通電システムの設計※1

⬇

モニタリングシステムの設計※2

※1: 配線・配管，直流電源装置と筐体を含む
※2: モニタリングシステムの配線・配管を含む

　これらの設計の結果を設計図面や設計図書として取りまとめたものが設計成果品で，施工や維持管理へ引き継がれるものです。

　電気防食の設計成果品の例としては，次頁の表のようなものがあります。

　これらの設計成果品としての図書の構成は，基本的には，防食方式に関係なく同一ですが，線状陽極方式や点状陽極方式の場合，陽極設置位置の詳細図がこれら設計成果品に加わります。また，その根拠として，陽極設置位置に関する検討書を設計成果品とする場合もあります。➡ **設計編│Q09**

設計図書	内容
全体図，構造図，施工対象域図	対象構造物の形状や構造諸元と電気防食対象域を図示したもの
施工要領図	概念図などを用いて電気防食工法の施工工程を手順ごとに図示したもの
陽極システム設置位置図	対象構造物の部材展開図などに，陽極，ディストリビュータ（電流分配材），通電点および排流点などの設置位置やそれらの取り付け詳細を図示したもの
モニタリングシステム設置位置図	対象構造物の部材展開図などに，照合電極や測定端子の設置位置や取り付け詳細を図示したもの
配線・配管図	対象構造物の部材展開図などに，接続ボックス，電線管などを配線系統に従い図示したもの
配線系統図	各電線の接続を配線系統に従い図示したもの
配線整端表	各電線に記号を定め，これを電線の種類と被覆材の色などと対応させ，配線系統に従い，図示したもの
直流電源装置および筐体図	直流電源装置やモニタリングシステム（測定端子など）および筐体などの形状・寸法，仕様，取り付け位置および取り付け詳細を図示したもの
設計計算書（数量表など）	電気防食の回路毎に防食対象面積，陽極，ディストリビュータ（電流分配材），陽極被覆材，通電点，排流点，照合電極，測定端子，配線・配管，電源設備，その他の使用材料などの数量および算定根拠を示したもの。陽極設置位置に関する検討結果や陽極の抵抗による電圧降下の計算結果なども含まれる

電気防食を設計する場合
どのような事前調査を行いますか?

Answer ∿∿∿∿∿∿∿∿∿

土木学会コンクリートライブラリー157「電気化学的防食工法指針」の共通編では，調査の実施段階ごとの目的に応じて①適用のための事前調査，②工法選定のための調査，および③設計・施工のための調査が示されています。

ここでは，電気防食工法における③設計・施工のための調査に着目して示します。また，詳細は同指針の工法別標準編　電気防食工法標準，「3.2　設計・施工のための調査」に記載されています。なお，①および②に関しては，同指針の共通編を参考にして下さい。

設計・施工のための実際の調査項目の例としては，下記のような項目が挙げられます。この段階での調査は，電気防食の適用前のコンクリートや鋼材の前処理のためのひび割れ，浮き，過去の対策履歴等の具体的な位置，範囲，大きさ，量等の情報も取得する必要があります。

対象構造物，第三者影響度，劣化状況は，適用のための事前調査で実施した結果を使用可能です。また，供用年数，施工条件，経済性に関しては，選定のための事前調査結果を使用可能です。なお，各調査では過去の設計図書，施工台帳などを利用した書類調査，変状などに関しては現地調査を行うことが有効です。

■電気防食設計時の事前調査項目の例

検討項目	検討内容	対象
対象構造物	構造形式，部材形状・寸法，鋼材の形状・種類立地条件，過去の対策履歴	適用
供用年数	新設時：予定供用期間 既存時：残存予定供用期間	選定
環境条件	環境条件の詳細，凍結防止剤の散布の有無	設計施工
施工条件	商用電源の有無，直流電源装置および筐体の設置場所，施工期間，工期，施工可能時間等	選定
第三者影響度	第三者影響度の有無	適用
変状	浮き・剥離・豆板・スケーリング等，ひび割れ，錆び汁，漏水・水がかり，露出した鉄筋	設計施工
対策履歴	表面処理，断面修復，補強	
付属物	付帯設備	
コンクリートの品質	使用材料，電気抵抗率	
劣化状況	劣化機構，外観上のグレード等	
鋼材の状況	鋼材位置，配筋・鋼材量，鋼材の形状・種類，シースの種類・配置，腐食状況，鋼材間の電気的導通	
経済性	材料費，交換費用，更新費用等	選定

＜カソード分極試験（仮設通電試験）＞

　カソード分極試験は，電気防食工法の特有の調査として位置づけられます。この試験の目的は，電気防食工法を適用した場合，必要な防食電流を鋼材に供給することができるかを確認し，陽極材の配置，特に線状陽極の配置を設計するための根拠資料を得ることです。その一例には，調査対象となる構造物のコンクリート表面に通電用の陽極と照合電極を仮設し，直流電源装置のプラス端子に通電用の陽極，マイナス端子に内部鋼材と接続します。照合電極と高入力抵抗の電圧計を用いて，鋼材の自然電位を測定します。その後の測定は，

➡️ 施工編 │ **Q18** に示す分極量試験と同様です。

　以下に該当する場合などには，カソード分極試験を実施することが有効です。

　　・防食電流密度をある程度正確に把握したい

　　・配筋図に関する記録が保存されておらず，解析による適切な陽極間隔が決定できない

　　・断面修復部に関する記録（補修材の電気抵抗率，表面含浸材の適用の有無など）が保存されておらず，断面修復部が防食電流の分布に影響を及ぼすか判断できない

■カソード分極試験の一例

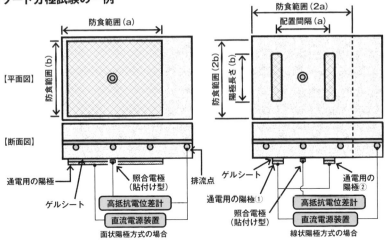

■カソード分極試験結果の評価の一例

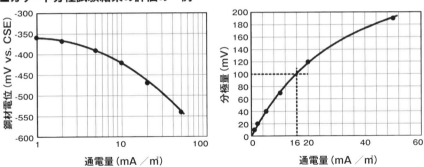

設計編 Question 04
防食設計の手順は
どのようになっていますか？

Answer 〜〜〜〜〜〜〜〜〜〜〜〜〜〜〜〜〜〜〜〜〜〜〜

電気防食の設計は，以下のような項目について実施します。

➡ **設計編** | **Q02**

（1）防食管理指標の決定

（2）電気防食工法の方式の選定

（3）通電システムの設計（配線・配管，直流電源装置と筐体を含む）

（4）モニタリングシステムの設計（モニタリングの配線・配管を含む）

設計編
Q03
Q04

（1）防食管理指標の決定では，防食対象期間を通じて所定の防食効果を得るための管理指標（防食基準）を本書の【入門編｜Q14】などを参考にして決定します。➡ **入門編** | **Q14**

（2）電気防食工法の方式の選定では，各方式の特徴を考慮し，以下のような項目について検討します。➡ **設計編** | **Q07**

構造物の設計防食期間 新設：設計耐用期間 既設：維持管理で設定された目標 とする期間・性能水準	陽極の耐用年数は， 構造物の設計防食期間を満足できるか？
構造物の形態と対象部位	陽極システムは設置可能か？ 構造物および電気防食システムの 供用に支障はないか？
環境条件（気象，海象）	陽極システムの耐久性は確保されるか？
劣化の程度	十分な防食電流を供給できるか？
補修の履歴	表面が被覆されているか？ 断面修復の程度と種類は？
コンクリートの電気抵抗	漏水，断面修復材などで， 局部的な電気抵抗の大小はないか？

電源の有無	商用電源の引き込みは可能か？
陽極システムの耐用年数	腐食環境から推定した電流密度で構造物の設計防食期間の耐用年数が確保されるか？
ライフサイクルコスト	設計防食期間に更新が必要とされる場合のライフサイクルコストは？
維持管理の難易度	桟橋下面など点検が困難な箇所での維持管理は？
美観・外観の重要度	観光地などの構造物での陽極システムの設置，配線・配管および直流電源装置設置後の美観性は？

防食管理指標の決定

電気防食工法の方式の選定

防食方式の選定条件

1) 構造物の供用期間
2) 構造物の形態と対象部位
3) 環境条件
4) 劣化の程度
5) 補修履歴
6) コンクリートの電気抵抗

7) 電源の有無
8) 陽極材の耐用年数
9) ライフサイクルコスト
10) 維持管理の難易度
11) 美観・外観の重要度

通電システムの設計

回路の設計条件

1) 電気防食の回路数と面積
2) 設計防食電流密度
3) 陽極システムとその配置
4) 通電点，排流点の位置と数量

配線・配管・電源設備の設計条件

5) 配線・配管材料および設置位置
6) 電源装置および設置位置

モニタリングシステムの設計

モニタリングシステムの設計条件

1) 照合電極，測定端子の配置・数量
 ・対象構造物の種類
 ・形状および対象部位
 ・環境条件

配線・配管の設計条件

2) 配線・配管材料および設置位置

（3）通電システムの設計においては，防食電流を防食対象である鋼材に均一に流すことを目的として，以下のような項目について設計を行います。

項目	内容
電気防食回路の面積 ➡ 設計編｜Q06	構造物の単位（スパンやブロック），腐食環境や鋼材量などを考慮した防食回路1回路当たりの面積の決定
設計防食電流密度	分極量または復極量 100mV 以上を満足する防食電流密度を決定（防食管理指標を満足すること）
陽極システムとその配置 ➡ 設計編｜Q07,Q09	腐食環境や鋼材量，鋼材の電流分布を考慮した陽極配置の決定
通電点および排流端子の位置と数量 ➡ 設計編｜Q09,Q16	陽極の電圧降下を考慮した通電点，排流点の位置と数量の決定
配線・配管の材料および設置位置 ➡ 設計編｜Q17	構造物の供用条件，配線・配管材の耐久性を考慮した材料選定と設置位置の検討
直流電源装置および設置位置 ➡ 設計編｜Q07,Q09	直流電源装置の電流・電圧の定格と筐体の設計，一次電源の引き込みや二次側配線を考慮した直流電源装置の設置位置の選定の検討

（4）モニタリングシステムの設計においては，防食電流の供給状態のモニタリングと防食効果の確認を目的として，以下のような項目を考慮し，照合電極および測定端子の設置位置と数量の設計を行います。なお，測定端子と排流端子は兼ねることが可能ですが，配線は別々にしなければなりません。また，測定端子と排流端子の位置が離れる場合もあるので注意が必要です。

➡ 設計編｜Q14

対象構造物の種類	構造物の種類による特異性がモニタリングできるか？例えば，PC 構造物の場合には，シースや PC 鋼材，鉄筋などの鋼材の電位
形状および対象部位	桁，床版，橋脚などの対象部位。または，同じ対象でも配筋状態が異なる場合
環境条件	コンクリートの内的，外的環境（含水状態，直射日光，断面修復材など）と鋼材の腐食環境
配線・配管の材料および設置位置 ➡ 設計編｜Q17	構造物の供用条件，配線・配管材の耐久性を考慮した材料選定と設置位置の検討

Column 14

電気防食の仲間

　コンクリート構造物の電気防食では，コンクリート表面にチタンメッシュなどの陽極を設置し，鋼材を陰極としてコンクリートに直流電流（防食電流）を流すことで，鋼材腐食を防止しています。

　コンクリートに直流電流を流すと，コンクリートの中のイオンが動きます。このため，電気防食では【基礎編｜Q15】で述べたような副次的効果が得られます。

　ところで，この副次的効果を積極的に利用し，鋼材腐食を防止しようとする工法があります。それが脱塩工法や再アルカリ化工法，そして電着工法です。

　これらの工法でも陽極をコンクリート表面に設置し，鋼材を陰極として直流電流をコンクリートに流しており，この点では電気防食と共通しています。このため，電気防食，脱塩，再アルカリ化，電着の各工法は総称して電気化学的防食工法と呼ばれています。

　【Column 15（P107），17（P117），20（P130），22（P143）】で脱塩工法，再アルカリ化工法，電着工法および 4 つの工法の比較についてそれぞれ説明します。

防食設計における各設計値の目安はどのようになっていますか?

Answer

電気防食システムの設計においては,電気防食の防食管理指標が満足できるように設計することが基本です。 ➡ 入門編 | Q18

そのためには,事前調査を行い, ➡ 設計編 | Q03 それぞれの構造物に対して,最も適していると考えられる防食設計を行わなければなりません。

「電気化学的防食工法指針 (土木学会コンクリートライブラリー 157) や「電気防食工法研究委員会報告書」(日本コンクリート工学協会/現日本コンクリート工学会) などには,そのための設計値の目安や考え方が記載されています。

これらに基づき,各設計項目の設計値の目安を取りまとめると,以下のようになります。 ➡ 設計編 | Q01

設計編「
Q04
Q05

■電気防食の設計項目とその目安

設計項目	設計値の目安	備考
防食面積	500㎡以下/回路	➡ 設計編	Q06
陽極の種類	劣化程度および環境条件などを考慮して決定	➡ 設計編	Q07
通電点と排流端子の数量	2箇所以上/回路 通電点の数≧排流端子の数	➡ 設計編	Q09・16
照合電極と測定端子の数量	2箇所以上/回路	➡ 設計編	Q14
設計防食電流密度*	・鉄筋表面積当たり 1～30mA /㎡ (15mA /㎡が使用されることが多い) ・コンクリート表面積当り 30mA /㎡	
直流電源装置の定格出力電流・電圧	最大設計電流=最大設計防食電流密度×防食面積(コンクリート表面積当たり) 定格出力電流≧最大設計電流 定格出力電圧≦ 30V	➡ 設計編	Q20

※電気化学的防食工法指針 (コンクリートライブラリー 157) では,陽極システムの配置設計では,鉄筋表面積当たりを用いられるが,経験的にはコンクリート表面積当たり 30 mA /㎡程度が適用限界とされている

電気防食を適用する面積はどの程度ですか？

Answer

　電気防食を適用する面積には制限がありません。ただし，電気防食を適用するためには，適切な電気防食の回路分けが必要です。電気防食1回路当たりの防食面積（コンクリート表面積）は，最大500㎡程度を目安として設計を行います。

　一般に1回路当たりの面積を大きくすると経済性は向上しますが，部材数の増加によって防食電流の分布が不均一となります。一方，1回路当たりの面積を小さくすると，部材数が減少するため防食電流の分布が比較的均一になりますが，回路数が増加するために施工性や経済性が低下します。

　よって，電気防食の回路の設計に当たってはこれらを考慮し，最適な1回路当たりの面積を求める必要があります。（土木学会コンクリートライブラリー157「電気化学的防食工法指針」）

　例えば，次頁の図に示すような約3000㎡の電気防食対象を有する構造物があった場合，1回路当たりの最大防食面積は約500㎡以下を目安とした回路に分けて設計を行います。この回路分けは，橋梁などの場合はスパン単位，桟橋などの場合はブロック単位などを目安とし，構造物の部位や位置環境による防食電流密度の違いを施工後の維持管理に反映できるように分割しています。

　特に，水掛かりや結露を生じる部位，潮位の干満により海水に浸漬される部位は，適切な分割が必要です。

■電気防食における回路分割の一例（桟橋）

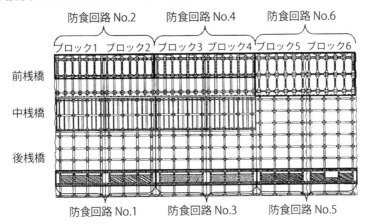

防食回路 No.2　　防食回路 No.4　　防食回路 No.6

ブロック1　ブロック2　ブロック3　ブロック4　ブロック5　ブロック6

前桟橋

中桟橋

後桟橋

防食回路 No.1　　防食回路 No.3　　防食回路 No.5

Column 15
電気防食の仲間〜脱塩工法

　脱塩工法は塩害を受けたコンクリート構造物に対して適用されます。コンクリート表面に陽極と電解質溶液を設置し，鋼材を陰極としてコンクリートに直流電流を流すことにより，腐食因子である塩化物イオンが除去，もしくは低減されます。

　脱塩工法では，$1 \sim 2A／m^2$の電流密度を約8週間通電するのが一般的です。なお，通電が終了した後，コンクリート表面に設置された陽極と電解質溶液は撤去されます。

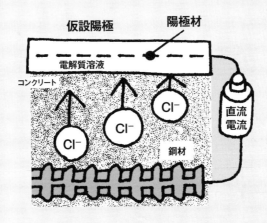

仮設陽極　　陽極材

電解質溶液

コンクリート

Cl^-

Cl^-

Cl^-

鋼材

直流電流

設計編
Question 07
陽極はどのような種類があり どのように使い分けるのですか?

Answer 〜〜〜〜〜〜〜〜〜〜〜〜〜〜〜〜〜〜〜〜〜〜〜〜

エルガードシステムを一例として,陽極の説明をします。

エルガードシステムに用いる陽極には,チタンメッシュ陽極とチタンリボンメッシュ陽極の2種類のほか,チタンリボンメッシュ陽極を折り曲げ加工(V型)したチタンリボンメッシュRMV陽極があります。

   (1)チタンメッシュ陽極

   (2)チタンリボンメッシュ陽極

   (3)チタンリボンメッシュRMV陽極

(1)チタンメッシュ陽極

チタンメッシュ陽極は,主に面状陽極方式の電気防食の陽極として用いられ,防食対象全体に陽極が設置されるため,防食電流分布の均一性に優れています。すなわち,防食対象全体が均一に防食されるため,比較的小さい防食電流密度で防食を達成することができます。また,チタンメッシュ陽極は,エキスパンドメタル状に加工したチタンが基材となっているため,陽極の一部が切断しても,防食電流は確実に供給され,さらに,ディストリビュータとの接続は多点となるため,陽極間の電圧降下も小さくなります。

(2)チタンリボンメッシュ陽極

チタンリボンメッシュ陽極は,主に線状陽極方式や点状陽極方式の陽極として用いられます。チタンリボンメッシュ陽極を用いた場合は,陽極の設置間隔が大きいとチタンメッシュ陽極と比較して,電流分布の均一性に劣ります。しかし,コンクリート表面に樹脂ライニングなどの補修が施されている構造物の

再補修においては，コンクリート表面の下地処理（表面被覆材の除去など）が必要ないため，非常に適用性に優れています。

　また，新設構造物へ電気防食を適用する場合，チタンリボンメッシュ陽極はチタンメッシュ陽極と比較して，施工が簡便です。さらに，コンクリートの劣化による大断面修復が大きい場合に，コンクリートをはつり取った箇所にチタンリボンメッシュ陽極を取り付けた後，型枠を設置しモルタルを注入する方式（先付陽極方式とも言う）への適用も効果的です。

　チタンリボンメッシュ陽極を用いた点状陽極は，局部的な電気防食に用いられます。

（3）チタンリボンメッシュ RMV 陽極

　チタンリボンメッシュ RMV 陽極は，チタンリボンメッシュ陽極を V 型に加工した陽極材で，陽極設置の溝切幅を小さく（約 5mm）できるため施工の省力化を図ることができます。性能はチタンリボンメッシュ陽極と同様で，切削した溝に陽極被覆用のモルタルを詰めた後，専用の押込み機で RMV 陽極を溝に押込み，RMV 陽極のスプリングバック作用で溝内に固定され，モルタルで切削した溝の表面仕上げを行います。

■エルガードシステムの陽極材

  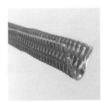 

| チタンメッシュ陽極 | チタンリボンメッシュ
陽極（線状） | チタンリボンメッシュ
RMV 陽極 | チタンリボンメッシュ
陽極（点状） |

チタンメッシュ陽極方式・・・・・・・・・薄く、軽量なエキスパンドメタル状の陽極です。

●補修
コンクリート表面にチタンメッシュ陽極を設置し、モルタルで被覆します。

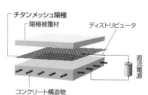

●新設
型枠内側にチタンメッシュ陽極を設置し、コンクリートを打設します。

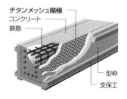

チタンリボンメッシュ陽極方式・・・・薄く、網目の細かいリボン状の陽極です。

●補修 (外付けの場合)
補修用リボンメッシュモールドによりコンクリート表面に設置し、陽極充填材により充填します。

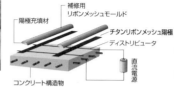

●新設
陽極をクリップや専門モールドなどを利用して鉄筋に沿わせるように取り付け、コンクリートを打設します。

チタンリボンメッシュRMV陽極方式・・・チタンリボンメッシュを独自技術によりV字形状に加工した陽極です。

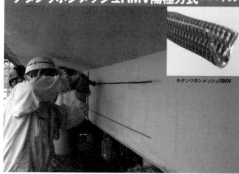

チタンリボンメッシュRMV陽極施工状況

日本エルガード協会ホームページより

●補修
幅5mm程度、深さ20mm以上の溝をコンクリート表面に削孔後、充填モルタルを溝内に詰め、専用の押込み治具でRMV陽極を押込み後、表面の仕上げを行います。

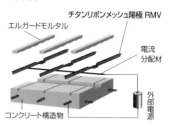

材質や形状が異なるタイプの
陽極を同一回路内で使用できますか?

Answer 〜〜〜〜〜〜〜〜〜〜〜〜〜〜〜〜〜〜〜〜〜

材質や形状が異なる陽極を同一回路内で使用することは,基本的には避けなければなりません。

これは陽極の材質や形状の違いによって,電気防食に必要な項目が異なるためです(下記)。

　・電気化学的な特性

　・防食電流の分布

　・コンクリート単位面積当たりの陽極表面積

　・陽極の耐久性

例えば,チタンメッシュ陽極と炭素を主成分とする導電性塗料では,特性が大きく異なり,同一回路内で使用することはできません。

ただし,チタンメッシュ陽極とチタンリボンメッシュ陽極を同一回路内で使用することは可能です。この場合,防食電流密度の均一性の確保や陽極の耐久性が同程度となるような陽極の配置を考慮する必要があります。すなわち,コンクリート単位面積当たりの陽極の表面積ができるだけ同程度となるように,チタンリボンメッシュ陽極の設置間隔を決める必要があります。例えば,#210のチタンメッシュ陽極を用いた電気防食回路内にチタンリボンメッシュ陽極を適用するには,その設置間隔を15cm程度とすることで,コンクリート単位面積当たりの陽極表面積がほぼ等しくなり,防食電流密度の均一性や陽極の耐久性を確保することができます。

このように,チタンメッシュ陽極とチタンリボンメッシュ陽極は形状が異なるだけで,同一の思想で開発・製造されているため,その組み合わせに対する問題は小さいと言えます。

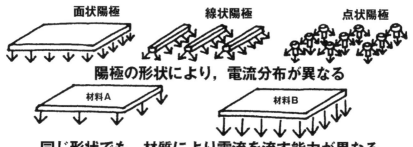

面状陽極　　　　線状陽極　　　　点状陽極

陽極の形状により，電流分布が異なる

材料A　　　　　　材料B

同じ形状でも，材質により電流を流す能力が異なる

Column 16
電気防食の歴史
日本での発展（港湾施設）:1956〜1965年（昭和31〜40年）

　この時期は外部電源方式による施工が大半を占め，最初は岸壁の前方水底に電極ブロックを設置する方法でしたが，浚渫（しゅんせつ），電極取り替えの難しさなどの問題から，鋼矢板に直接取り付ける方法や桟橋鋼管杭間に吊り下げる方法などが行われました。その後，直流配線距離を極力短くするため，電源装置を小型簡素化して対象施設に分散設置し，1個所において調整する方式が開発されました。電線内で消費される無駄な電力を最小限にし，維持電力費を低減するのが目的です。一方，マグネシウムリボン陽極を取り付け，初期に大きな電流を与え，その後，わずかな維持電流で防食する，いわゆるエレクトロコーティング法も多く用いられました。

　また小規模のドルフィンや電源を取りにくい施設に対しては亜鉛陽極を用いた流電陽極（犠牲陽極）による防食も行われていましたが，1962年（昭和37年）頃からそれまでに主に船舶に使用されていたアルミニウム陽極の優れた性能が着目され，各地で試験施工が行われた結果，経済的に十分，外部電源方式に匹敵し，耐久性に富み，維持管理がほとんど必要ないなどの理由で順次，外部電源方式に取って代わるようになりました。この時期から1970年（昭和45年）頃までは流電，外電の狭小時代で，その後，年間の維持管理費の少ないアルミニウム陽極が港湾防食の主流となったことをみれば，ひとつの技術革新であったと考えられます。アルミニウム陽極の取付方法は吊り下げが多かったものの，その後水中溶接法の進歩により，大半は水中溶接で施工されるようになりました。

流電陽極の水中施工

設計編 Question 09 陽極，ディストリビュータおよび通電点の配置はどのようにして決めるのですか？

Answer

　陽極やディストリビュータの配置は，陽極およびディストリビュータの有する抵抗による電圧降下が 300mV 以下となるように通電点の位置を検討します。通電点とは，直流電源装置のプラス側からの配線を接続する点のことです。

電圧降下（300mV）≧ディストリビュータの電圧降下＋陽極の電圧降下

　陽極およびディストリビュータの電気抵抗を次頁の表に示します。この電気抵抗と長さに基づいて設計最大電流密度 30mA／㎡（コンクリート表面積当たり）で通電した場合の電圧降下を計算し，通電点から陽極の最遠部までの電圧降下を求め，これが 300mV 以下になるように，陽極，ディストリビュータ，通電点の位置および数量を決定します。そのため，通電点の数は【設計編｜Q16】で示す排流端子の数以上になることがあります。➡ **設計編** | **Q16**

　通電点の数量は適用する防食方式や防食対象面積，対象部位などによって異なります。面状陽極方式のチタンメッシュ陽極方式の場合，１回路当たり１〜４箇所程度です。また，線状陽極方式のチタンリボンメッシュ陽極方式の場合，陽極の電気抵抗が大きいことから，面状陽極方式の場合よりも多くなります。

■エルガード陽極の仕様

陽極の種類	チタンメッシュ	チタンリボンメッシュ	ディストリビュータ
品番	＃210	＃100	―
基材組成	チタン（Gr.1）		
触媒組成	貴金属酸化物		―
幅（製品）	4.0ft（1.2m）	0.5in（12.7mm）	12.5mm
長さ（製品）	250ft（76m）		70m
目開き	76.2 × 35.1mm	2.5 × 0.46mm	―
縦方向の電気抵抗	0.046 Ω／m	0.393 Ω／m	0.0123 Ω／m
横方向の電気抵抗	0.016 Ω／m	0.049 Ω／m	―

　陽極は，電気防食の防食対象全体が確実に防食できるように配置します。通常，チタンメッシュ陽極方式などの面状陽極方式の場合は，防食対象全体に陽極を配置するように設計を行います。ただし，施工する上で，角部など，陽極が設置できない箇所もあり，このような場合には，陽極間の「あき」が最大でも５〜10cm以内に収まるように設置します。これは，陽極間隔10cm以内であれば，防食効果にほとんど影響がないと判断できるためです。

➡ 入門編｜Q09

　一方，チタンリボンメッシュ陽極方式などの線状陽極方式の場合には，【設計編｜Q10】のような考え方で陽極設置間隔を定めます。　➡ 設計編｜Q10

　最近では，有限要素法（FEM）やエクセルによる差分法を用いた数値解析で最適な陽極配置を行う手法も用いられています。

■梁角部などの陽極の「あき」の考え方

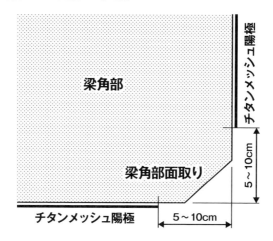

梁角部

チタンメッシュ陽極

梁角部面取り

5〜10cm

チタンメッシュ陽極

5〜10cm

■有限要素法（FEM）による解析結果の一例

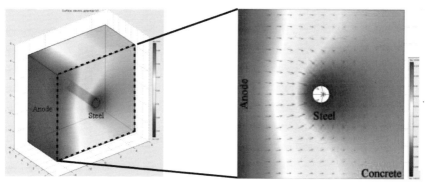

線状陽極方式の陽極の設置間隔は どのようにして決めるのですか？

Answer 〜〜〜〜〜〜〜〜〜〜〜〜〜〜〜〜〜〜〜〜〜

　チタンリボンメッシュ陽極の設置に関する設計は，チタンメッシュ陽極の場合と同様に，チタンリボンメッシュ陽極とディストリビュータの内部抵抗に起因する電圧降下に基づいて行います。➡ **設計編** | **Q09**

　線状陽極の設置間隔は，コンクリート中の鋼材の腐食状態や鋼材量を考慮して，均一な防食効果が得られるように，300㎜以下とすることを基本としています。

　一般に，必要となる防食電流密度は，腐食が激しい程，鋼材量が多くなる程，大きくなります。日本国内での適用実績では，塩害環境下にあるコンクリート構造物の鋼材面積当たりの防食電流密度は 10 〜 20mA ／㎡程度です。

　実際の構造物では，鋼材の腐食状態や鋼材量が部位ごとに異なる場合が多いため，必要となる防食電流密度を考慮して，陽極の設置間隔の変更が行われています。例えば，構造物の山側と海側では環境条件が異なるため山側を250㎜，海側を200㎜に設定したり，桁橋では，下フランジ下面は配筋が密であるため200㎜，ウエブ部は配筋が粗なため250㎜に設定するなど設置間隔を調整する場合もあります。なお，陽極設置間隔の算定は，鋼材量から鋼材表面積を求め，この鋼材表面積に基づき算定する方法やFEM解析を行い算定する手法などが用いられています。

線状陽極の設置間隔の考え方

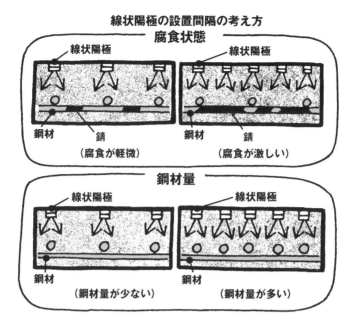

腐食状態

線状陽極 / 線状陽極

鋼材 / 錆 （腐食が軽微）　鋼材 / 錆 （腐食が激しい）

鋼材量

線状陽極 / 線状陽極

鋼材 （鋼材量が少ない）　鋼材 （鋼材量が多い）

Column 17

電気防食の仲間～再アルカリ化工法

　再アルカリ化工法は，中性化したコンクリート構造物に対して適用されます。コンクリート表面に陽極とアルカリ性溶液を設置し，鋼材を陰極としてコンクリートに直流電流を流し，アルカリ性溶液をコンクリート中へ浸透させます。これにより，コンクリートの pH が回復し，鋼材が再不動化されます。再アルカリ化工法では，1A／㎡の電流密度を約1～2週間通電するのが一般的です。なお通電終了後，陽極とアルカリ性溶液は撤去されます。

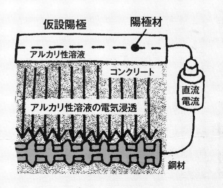

仮設陽極　陽極材
アルカリ性溶液
コンクリート
アルカリ性溶液の電気浸透
直流電流
鋼材

陽極被覆材の役割は何ですか？

Answer 〜〜〜〜〜〜〜〜〜〜〜〜〜〜〜〜〜〜〜〜〜〜〜〜〜

　電気防食に必要な防食電流は，コンクリート（電解質）中を通って防食対象の鋼材に流入します。大気中や絶縁物中の鋼材には防食電流を供給することができません。したがって，陽極を設置する場合には，電解質として陽極周囲に陽極被覆材（モルタル）が必要となります。

　陽極被覆材を使用する目的は

　　（1）陽極材から防食電流をコンクリート中の鋼材へ適切に流入させる

　　（2）コンクリートと陽極材の一体性を確保する

　　（3）陽極材自体の保護のため

であり，陽極被覆材の被覆厚さは面状陽極の場合 15mm 以上を標準とします。

　線状陽極の場合は設置方法や環境により幅 5 〜 20mm 程度，深さ／高さ 10 〜 30mm 程度の陽極設置溝などを陽極被覆材や充填材で埋め戻します。なお，対象の構造物が置かれる環境条件により，陽極かぶり（被覆厚さや埋め込み深さ）を大きくすることが望ましいと言えます。

　また，陽極被覆材や充填材は（1）〜（3）の要求を満足させるため，以下の性能を有する材料が望ましいと言えます。

　　・防食電流の供給に際し，被覆材の電気抵抗が支障を及ぼさないこと

　　・母材コンクリートとの付着強度または接着性に優れていること

　　・被覆または充填材が露出する場合などは既設のコンクリートと同等以上の強度を有すること

モルタルで被覆しない場合
コンクリートと接触した
陽極の部分しか電流が流れない

モルタル

モルタルで被覆した場合
陽極全体から電流が流れる

Column 18
電気防食の歴史
日本での発展：1966 ～ 1975 年（昭和 41 ～ 50 年）

　この時期には海洋鋼構造物に対する外部電源方式もまだ多く施工されていましたが，アルミニウム陽極の使用も拡大した時代で，次第に港湾施設の防食は，アルミニウム陽極が主流となりました。陽極寿命は 10 ～ 20 年程度のものが多く，取り付け法も水中溶接が取り入れられ，長さ数kmに及ぶ港湾施設やシーバース，海中油田掘削井，海底管，沈埋函など広範囲に適用されました。またこの頃，海水汚染の問題がクローズアップされ，防食電流密度との関係に大きな関心が持たれた時期でもあります。

　また，流速，波浪などに対しても，防食電流密度に影響を与えることから，1973 年（昭和 48 年）に中川防蝕工業と日本防蝕工業の共同で，本州四国連絡橋公団の海上観察台で試験を行い，最大流速 2m ／ s 程度では初期防食電流密度として 300mA ／ ㎡，維持防食電流密度は 150mA ／ ㎡の結果が得られました。

　1970 年（昭和 45 年），日本学術振興会 97 委員会電気防食第 12 分科会で流電陽極試験法が制定され，海底管の防食は管の長大化に伴い，塗覆装との併用による経済性，電位分布，干渉防止対策などが研究され，多くの施工実績を上げました。これには流電陽極法，外部電源法のいずれも用いられ，大口径のものに対しては内面防食も施されました。

　また，1967 年（昭和 42 年）頃から運輸省港湾技術研究所で各地の港湾鋼矢板や鋼管杭の腐食調査が行われ，海洋鋼構造物の腐食傾向が明らかにされました。この一連の研究は，港湾施設の防食設計に大きく寄与するものでした。

埋設管への陽極設置

電気防食ではどのような補修材料や陽極被覆材を使用するのですか?

Answer 〜〜〜〜〜〜〜〜〜〜〜〜〜〜〜〜〜〜〜〜〜〜〜〜〜

　電気防食に使用する補修材料や陽極被覆材は，既設コンクリートと同程度の品質を有する材料が基本です。

　電気防食対象域で使用する補修材料は，各機関で規定されている要求性能を満足し，かつ電気防食に求められる要求性能を満足する材料を用います。電気防食工法を適用する場合の補修材料の要求性能としては，次があります。

　（1）電気抵抗率　（2）付着強度　（3）圧縮強度

　特に補修に用いる断面修復材が防食電流の均一性を阻害しないように，断面修復材の電気抵抗率が既存のコンクリートと同程度であることが重要です。

　断面修復材の電気抵抗率の試験方法としては，土木学会規準「四電極法による断面修復材の体積抵抗率測定方法」（JSCE-K 562）があります。断面修復材の電気抵抗率の規格例としては，東京港埠頭（株）の桟橋劣化調査・補修マニュアルに示される「封かん養生環境下で材齢 28 日時点の電気抵抗率が 50 kΩ・cm以下」があり，これが断面修復材の選定の目安となります。また，ISO 12696:2016（E）では，断面修復材の電気抵抗率の規格として，防食対象部位に位置するコンクリートの 0.5 〜 2 倍程度と定められています。

　はつり取った箇所のコンクリートの表面にプライマー等の下地処理材をコンクリート表面に塗布する場合は，使用する下地処理材が過度に防食電流を妨げないことを事前に確認します。

　陽極の被覆材や充填材に求められる主な要求性能は，次のような項目が挙げられます。

　（1）被覆材の電気抵抗が電気防食に支障を及ぼさないこと

（２）付着強度または接着性に優れていること

（３）既設のコンクリートと同等以上の強度を有すること

■各種補修材の要求性能

品質要求性能	一般的な 断面修復補修材料	電気防食用補修材料	
		断面修復材	陽極被覆材
圧縮強度	◎	◎	○
乾燥収縮性	◎	○	○
付着／接着強度	◎	◎	◎
遮塩性	◎	—	—
電気抵抗率	—	◎	◎

◎：要求性能, ○：直接要求される性能ではないが, 満足することが望ましい, —：要求性能外

　すなわち，通常のコンクリートまたはモルタルと同程度の電気抵抗率を有するセメント系の材料を用い，電気抵抗率が大きい材料の使用は避けなければなりません。また，陽極被覆材においては，既設コンクリートとの付着性が非常に重要であるため，これを確認した上で適用することとしています。

　現在，一般的に用いられている陽極被覆材としては，若干のポリマーを添加したセメントモルタルを乾式あるいは湿式吹付けで施工する方法，左官で施工する方法などがあります。なお，陽極の被覆厚さとしては，桟橋などの下面への施工の場合，15mm程度以上が標準です。

　線状陽極の充填材としては，充填性のよいモルタルやグラウトが用いられます。

設計編 Question 13 照合電極の用途や種類，選定上のポイントは何ですか？

Answer

　照合電極は，鋼材や陽極材の電位を測定するための材料です。

　電気防食工法においては，施工完了後，電気防食に必要な防食電流を流さなければなりません。電気防食に必要な防食電流密度は分極量（E-logI，分極曲線測定）試験を行って，照合電極で測定した鋼材の電位が防食管理指標（例えば，水準として分極量・復極量が100mV以上）を満足するように決定されます。

➡ 施工編 Q13

　さらに，過防食の防食管理指標としては，通電時の真の電位（インスタントオフ電位）＞－1000mV（vs.CSE）（－1000mVよりプラス側）を測定し，その判定を行います。 ➡ 入門編 Q14·15 ➡ 施工編 Q19

　この防食電流密度の決定，および防食効果の確認のためのモニタリング機器として設置するのが照合電極です。

　照合電極の種類としては，下表に示すようなものがあります。

■代表的な照合電極の種類

	外部	埋込	各種照合電極			飽和硫酸銅電極基準	
			名称	記号	構成	E^0_{25} (mV)	dE/dt (mV)
溶液型	○		飽和甘こう電極	SCE	Hg / Hg_2Cl_2, 飽和 KCl 水溶液	-74	-1.66
	○		飽和硫酸銅電極	CSE	Cu / $CuSO_4$, 飽和硫酸銅水溶液	0	0.00
個体型	○	○	飽和塩化銀電極	Ag / AgCl	Ag / $AgCl$, 飽和 KCl	-121	-2.00
	○	○	鉛電極	Pb	Pb / PbO_2, 飽和 Ca (OH)$_2$	-800	-1.42
	○	○	二酸化マンガン電極	MnO_2	Mn/$MnO2$, 飽和 Ca (OH)$_2$	+86	-2.66
	○	○	ハフニウム銀電極※	Hf	Hf / Ag, 飽和 Ca (OH)$_2$	-4	—

※温度補正式：$E = E^0_{25} + (t - 25) \, dE / dt$ （t：温度）
※ハフニウム銀電極は，2005年頃以降構造物に使用されていない

また，照合電極にはコンクリート中への埋込み型と外部測定型があり，通常，電気防食のモニタリングには埋込み型の照合電極が用いられます。現在，埋込み型の照合電極としては，主に鉛電極，二酸化マンガン電極などが使用されています。

　埋込み型の照合電極に要求される性能は，高アルカリ環境下でも長期間安定した電位を示すことです。また，照合電極中に含まれる水分が，コンクリートに奪われることも，照合電極の耐久性に大きく影響し，この水分の保持能力が照合電極の電位安定性に大きく影響します。

■代表的な照合電極の種類

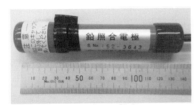

カバーキャップあり　　　　　　　　カバーキャップ取り外し後
鉛照合電極（国内製）

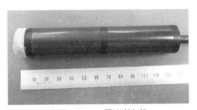

カバーキャップあり　　　　　　　　カバーキャップ取り外し後
二酸化マンガン照合電極（国内製）

カバーキャップあり　　　　　　　　カバーキャップ取り外し後
二酸化マンガン照合電極（海外製）

照合電極の設置位置や個数は
どのようにして決めるのですか？

Answer 〰〰〰〰〰〰〰〰〰〰〰〰〰〰〰〰〰

　照合電極は電気防食の効果をモニタリングするために設置する材料（機器）であり，防食回路内を代表するような位置に設置する必要があります。照合電極の設置数量は，多ければ多いほど電気防食の防食効果に関する情報は多くなりますが，設置費用やモニタリングの費用も増加します。そのため，できるだけ少ない数量で最大限の情報が得られるように設置位置を選定しなければなりません。

　照合電極の設置位置は，コンクリート中の鋼材の腐食状態や鋼材量を考慮して決定します。1回路の中でも環境条件の違いによってコンクリート中の鋼材の腐食程度にはばらつきがあります。また，一般に，部材間で鋼材量が異なることから，必要な防食電流の大きさはこれらの影響を受けることになります。

➡ 基礎編 Q17　➡ 設計編 Q10

　照合電極は，同一回路内の環境条件の違いによる電流分布のばらつきを考慮し，1回路当たり2箇所以上それぞれ異なる環境に設置します。

　例えば，次頁の図は，桟橋での同一回路内の照合電極の設置の考え方を示したものです。①と④の梁部材と②と③の床版では鋼材量が異なります。①，②，③は大気中部にあり，④は飛沫帯に位置しています。このような場合，まず，最も腐食環境の厳しい④に設置し，次に④とは鋼材量や腐食環境の異なる②または③を選択します。

　橋梁においても，主桁と床版の違いや，塩分の飛来状況の違いなどに配慮して照合電極の設置位置を選定します。

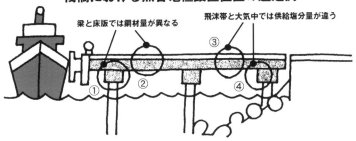

桟橋における照合電極設置位置の選定例

梁と床版では鋼材量が異なる

飛沫帯と大気中では供給塩分量が違う

① ② ③ ④

Column 19
塩害劣化対策の変遷

　塩害劣化が問題となり始めた 1980 年（昭和 55 年）頃から，その補修対策が行われ始めました。当時の塩害劣化対策は，外から入ってくる塩化物イオンや水，酸素を止める表面塗装が主流でしたが，塩害を完全に止めることはできず，再劣化が進行しました。
　その対策として浮上したのが，電気防食工法です。アメリカでは，凍結防止剤による塩害が 1970 年（昭和 45 年）頃から問題になり，補修が行われていましたが，断面修復では不十分だったため，電気防食が研究され，使われ始めていました。

年次	記事	対策工法等
1980 年（昭和 55 年）頃～	試験工事的な塩害対策が始まる 「山形県温海地区の道路橋」	表面被覆工法（部分的な浮き， はく離個所等の断面修復を併用）
1984 年（昭和 59 年）	「道路橋の塩害対策指針（案）」 （日本道路協会）	同上
1984 年（昭和 59 年）以降	全国的に塩害対策工事が始まる	同上
1987 年（昭和 62 年）	「劣化防止・補修マニュアル（案）」 （沿岸開発技術研究センター）	同上
1989 年（平成元年）	「塩害を受けた土木構造物の補修指針（案）」（建設省総合技術開発プロジェクト）	表面被覆工法 （塩分の多い個所はできるだけ除去）
1991 年（平成 3 年）頃～	対策後の再劣化が顕在化（道路橋）	架け替え（損傷の著しい建造物が対象）電気防食工法（試験施工的）
1994 年（平成 6 年）	「大井埠頭桟橋調査・補修マニュアル（案）（東京港埠頭公社，2000年に改訂版）	断面修復工法（塩分の多い個所は全面的除去）電気防食工法（本採用）
1999 年（平成 11 年）	「港湾構造物の維持・補修マニュアル」（沿岸開発技術研究センター）	表面被覆工法，断面修復工法，電気化学的工法（電気防食，脱塩，電着）
2001 年（平成 13 年）	「コンクリート標準示方書，（塩害維持管理編）」（土木学会）	同上（外観グレードに応じて選定）

設計編 Question 15 陽極や照合電極の耐用年数はどのくらいですか？

Answer

　電気防食に用いる陽極材や照合電極の耐用年数は，その種類によって大きく異なります。

　エルガードシステムに用いる陽極材は，高耐食性を示すチタンに，白金族系貴金属（イリジウムなど）を焼付けコーティングしたものです。

　この陽極材の基材であるチタンは，その酸化被膜が非常に安定しており，アルカリ環境下での反応や通電などによる体積変化も極めて小さい材料です。

　一方で，チタン表面では電流のやり取りができないため，それを可能にするために，白金族系貴金属の助けが必要です。この白金族系貴金属は，通電によって徐々に消耗されていきます。これが陽極材の耐久性を決定します。

　この陽極材料の耐久性を確認する試験方法として，
「Testing of Embeddable Anodes for use in Cathodic Protection of Atmospherically Exposed Steel-Reinforced Concrete」（NACE〈 = National Association of Corrosion Engineers〉Standard TM0294-2016, Item No.21225）があります。

　この試験は，通常の防食電流密度の 100 倍程度の電流を陽極に通電する非常に過酷な促進試験で，この試験に合格した陽極は，40 年以上の寿命が保証されています。近年では焼付け方法の改良により，100 年相当の寿命が得られるエルガードシステムの陽極材が実用化されています。

　この促進試験は，チタン／白金族系の陽極材を対象としたものであり，炭素系陽極などその他の陽極は，上記促進試験による耐久性の確認試験が適用できないため，各メーカーの技術資料等を参照のうえ，陽極の寿命を検討する必要があります。

なお，チタン系陽極材自体の耐久性は十分に確保できていると言えますが，陽極被覆材等を含んだ陽極システムとしての耐久性は異なります。通電により陽極表面での電気化学反応で酸が生成され，この酸によって陽極被覆材等に変状が生じる場合もあります。

陽極被覆材に変状が生じた場合，適宜陽極被覆材を更新することで持続的に電気防食を行えます。なお，陽極被覆材等の劣化は外観や陽極の電位の上昇で推定することができます。

一方，照合電極の耐久性は，照合電極の種類によって異なりますが，照合電極の耐用年数を促進試験によって確認する標準試験方法が基準化されていません。照合電極の耐久性の低下は電極内の水分枯渇によるもので，照合電極の交流抵抗を測定し，その抵抗が著しく増大すれば寿命と考えられます。一般に，埋込み型の照合電極の耐用年数は 20 年程度とされています。

➡ 設計編│Q13

■陽極の耐久性試験
(NACE Standard TM0294-2016,
Item No.21225)

■エルテック社（アメリカ）での陽極の
促進耐久性試験

設計編 Question 16

排流端子および測定端子の設置に関する設計上の留意点は何ですか？

関連Q ➡ 施工編 Question 09

Answer

　排流端子の設置位置（排流点）を決めるには，同一回路内におけるコンクリート中の鋼材間の導通の有無がポイントとなります。

　電気防食は，コンクリート表面に取り付けた陽極に直流電源装置のプラス側を，防食対象であるコンクリート中の鋼材にマイナス側を接続し，コンクリートを介して鋼材に防食電流を流入させ，電気防食を達成します。このマイナス側の端子が排流端子（排流点）です。すなわち，鋼材間の導通を配筋図や計測によって確認し，鋼材間に導通がない場合には，個々に排流端子を設置しなければなりません（下図参照）。特に，PC 桁橋のようなプレキャスト部材で構成されている構造物では，組み合わされた部材同士の内部鋼材が電気的に接続されないため，同一回路内の鋼材の電気的導通を確認することが非常に重要です。

排流端子の設置の考え方

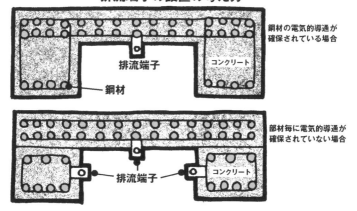

鋼材の電気的導通が確保されている場合

排流端子

コンクリート

鋼材

部材毎に電気的導通が確保されていない場合

排流端子

コンクリート

また，排流端子は，陽極側の通電点と一対で同じ位置に設置することが一般的ですが，場所を分けて設置しても特に問題はありません。

電気防食１回路では，通電点と排流端子が各１対あれば防食回路が構成されますが，試験工事などを除いては，万一の断線などを考慮して通電点・排流端子は２対以上取り付けることが標準とされています。

排流端子の数の目安は，土木学会のコンクリートライブラリー157「電気化学的防食工法指針」では以下のように示されています。

① RC 構造
  ・RC 橋梁　橋長 10m 未満：１個以上／桁，
　　　橋長 10m 超え：２個以上／桁
  ・RC 桟橋　４個以上／ブロック
② PC 桁
  ・プレテンション桁　１個以上／桁
  ・ポストテンション桁　２個以上／桁
③その他
  ・セグメント，ボックスカルバート
　　　目地ごとに２〜３個以上（側面，頂面等）

一方，測定端子は，照合電極の対極として用いる鋼材からの端子です。この端子の形状は，排流端子と同一ですが，使用目的の違いから呼称を区別します。また，排流端子に接続した電線には電流を流しますが，測定端子に接続する電線には電流を流さないようにするため，配線は分ける必要があります。

排流端子および測定端子は，現在，次頁の図に示すような形状の２種類（バー型，ケーブル型）が使用されていますが，いずれも予定とする供用期間を通じて，十分な耐久性を有することが必要です。

■排流端子の設置例（バー型とケーブル型）

バー型

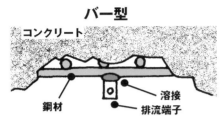

ケーブル型

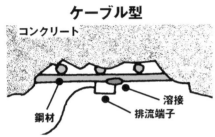

Column 20

電気防食の仲間〜電着工法

　電着工法では，コンクリート表面から少し離れた位置に陽極を設置して，陽極とコンクリートの間に電解質溶液（海中の場合は海水を利用）を設置し，鋼材と陰極としてコンクリートに直流電流をを流します。すると電解質溶液中の陽イオンはコンクリートへと移動し，ひび割れや表面に電着物として析出します。この電着物により，腐食因子がコンクリート中に侵入することを防ぎます。

　電着工法では，海水中で約0.5A／㎡の電流密度を約6カ月通電するのが一般的です。通電終了後，陽極と電解質溶液は撤去されます。

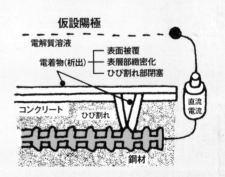

配線・配管の設置位置や材料に関する設計上の留意点は何ですか？

Answer 〰〰〰〰〰〰〰〰〰〰〰〰〰〰〰〰〰〰〰〰〰〰〰〰〰〰〰〰〰〰

配線・配管の設置位置や材料の選定に際しては，以下のような事項に留意して設計を行います。

（1）設置位置のポイント

配線・配管	①外部環境や物理的な損傷，波浪の影響など
	②構造物の形状や配管の取りまわしやすさ
	③構造物の維持管理計画（将来的な工事など）
	④美観
直流電源装置	上記①～④に加え，受電のしやすさ，受電・運転ランプの確認のしやすさ（道路面を向いているなど），維持管理のしやすさ（交通規制や足場なしで点検ができるなど）

（2）材料選定のポイント

①耐久性（耐食性，物理的強さ，経時劣化に対する抵抗性）

②配管可動部の伸縮性の考慮（たとえばフレキシブル管）

※1　一重フレキシブル管では，多数の破損事例が報告され，二重フレキシブル管以上が標準

③電線の径の選定

（電線配線距離×電線の抵抗×最大防食電流量＜直流電源の電圧の上限許容値）

④配管の径の選定（配線の配管占有率＜32%）

※2　電気設備技術基準を参照，電力会社などは独自基準あり

電気防食においては，防食電流を流すための防食回路の配線・配管および施工完了後の防食効果の確認やその維持管理のために用いるモニタリング回路の

配線・配管が必要です。これらの配線・配管は，電気設備技術基準に準じて実施します。

　現在，最も実績の多い電源は，商用の100V，200Vの交流電源を直流に変換して用いる直流電源装置です。この場合，防食電流を流すための配線・配管は，商用電源から直流電源装置までの一次側配線・配管と，直流に変換した電流を電源から陽極の通電点へ供給し，防食対象鋼材の排流端子から電源へ帰す二次側配線・配管です。

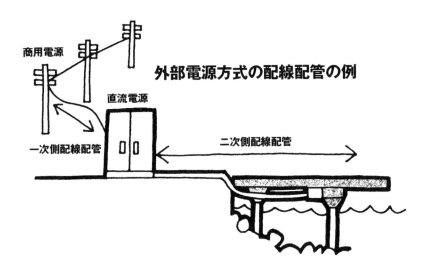

一次側配線配管　　商用電源　　直流電源　　外部電源方式の配線配管の例　　二次側配線配管

　一次側配線・配管は，通常の電気工事の場合と同様に，電気設備技術基準などに準じた電気回路設計を行います。一次側の引き込み電線は，電気設備技術基準などの許容値を満足するように設計を行う必要があります。

　二次側配線・配管やモニタリングシステムの配線・配管は，供用中の構造物に設置することとなるため，風雨や波浪などの外的影響をできるだけ受けない場所に設置できるように設計することが必要です。電気防食対象域（陽極設置位置）に設置する配線・配管材に金属製の配管材やボックス（接続箱や中継箱）を使用する場合には，これらの金属が陽極と接触しないようにする必要があり

ます。さらに，これらの配線・配管の経路や結線は，できるだけシンプルに設計し，その配線経路や結線位置などは配線・配管系統図と配線整端表に記載し，施工における結線ミスを防ぐとともに，この系統図と整端表は記録として保存し，施工後の維持管理に適用することが重要です。

配線・配管材料は，JIS などの基準に準拠した高耐久性の材料を用いるのが基本です。なお，配線における結線部（通電点や排流端子も含む）は，高水密性の樹脂などで完全にシールし，水分の配線材への浸入による配線材の錆や接続部の絶縁性を確保する設計上の配慮も重要です。また，接続ボックス内は，配管の劣化・損傷や結露等により水が浸入し，滞水することが考えられるため，必要に応じて接続ボックスに水抜き孔を設けることも行われています。

配線整端表の記録がないと，将来，断線事故が生じた場合大変

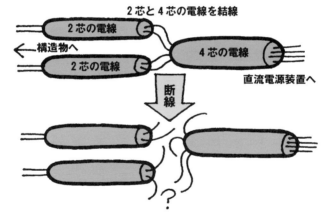

直流電源装置を動かす電力の種類にはどのようなものがありますか？

関連Q ➡ 入門編 Question 07　設計編 Question 19

Answer

　直流電源装置を動かす電力の種類には，商用電源を用いるものと，用いないものがあり，交流商用電源を用いる場合の入力側の種類として，100 V単相，200 V単相，200 V三相などがあります。

　商用電源以外を用いる電力としては，現在，ソーラー発電とバッテリー（蓄電池；直流）での通電が実用化されています。ソーラー発電用のバッテリーは充放電の程度により数年ごとの交換が必要です。

　ソーラー発電以外の適用可能な電気防食用の直流電源の電力としては，風力，波力，燃料電池なども考えられます。

　特殊な環境における電源装置として，揚油桟橋などの防爆区域での電気防食では，防爆対応型の直流電源装置が用いられています。

　なお，直流電源装置の制御は，直流電源装置設置位置で技術者がマニュアルで制御する方法が主流ですが，遠隔モニタリングシステムが導入された直流電源装置もあり，遠隔地から，電圧，電流，電位のモニタリングや直流電源装置の制御を行うことも可能です。

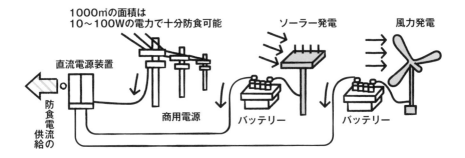

外部電源方式での通電方法には どのようなものがありますか？

Answer 〜〜〜〜〜〜〜〜〜〜〜〜〜〜〜〜〜〜〜〜〜〜〜

　外部電源方式の通電方法は，防食電流の制御方式によって，①定電圧制御方式（CV：Constant Voltage）と②定電流制御方式（CC：Constant Current または Galvano Stat），③定電圧／定電流制御方式（CV／CC），④定電位制御方式（Potentio Stat）に分かれます。

　定電圧制御方式は，電圧を一定に保つように通電する方式です。通常，電気防食効果によって鋼材周囲の環境は徐々に改善し必要な防食電流量は減少していきます。電圧が一定であれば回路抵抗に従って自動的に防食電流量が増減します。すなわち，環境の変化（温度や湿度など）に対して防食電流量が変化します。通常，腐食反応が激しい場合には，防食電流量は大きくなり，腐食反応が穏やかな場合には，防食電流量が小さくなるため，環境変化が大きい場合の電気防食に適しています。このため，海中や土中の電気防食はほぼ定電圧方式です。コンクリート中鋼材でも多く採用されています。しかし，定電圧方式では，直流電源装置の電圧を一定として防食電流を供給するため，陽極材から鋼材までの抵抗が防食電流量を左右します。したがって，通電初期の通電電圧量によっては，通電期間中に防食電流量が少なくなる可能性があることに注意する必要があります。

　定電流制御方式は，防食電流を一定に保つように通電する方式です。電気防食効果によって鋼材周囲の環境が徐々に改善し必要な防食電流量が低減していったとしても，当初の設定電流量で流し続けるため不要な電流量を供給してしまう可能性があります。その場合，適時電流量の調整をしないと防食過多になる可能性があります。

　定電圧／定電流制御方式は，通電開始時には定電流方式で通電を行い，防食

による環境改善がある程度安定する2～3年後に定電圧方式に変更して通電
する方式です。

　さらに，上記以外の通電方式として，コンクリートでの適用実績は非常に少
ない通電方式ですが，定電位制御方式があります。この方式は，電気防食時の
鋼材の電位が常に一定となるように，防食電流量および電圧を制御する方式で
す。鋼材の防食電位の値が定められている海水の電気防食では時々採用されて
います。

　また，電位や通電電流・電圧のモニタリング・制御方式としてとして，①現
地モニタリング・制御と，②遠隔モニタリング・制御の2種類があります。

　現地モニタリング・制御は，電気防食を実施している現場に設置した直流電
源装置の電流量や電圧，照合電極による鋼材の電位などを，技術者が現地に出
向いて測定するとともに，状況に応じて制御するものです。

　一方で，遠隔モニタリング・制御は，現地に設置した直流電源装置の電流量
や電圧，鋼材の電位などを一定間隔で自動的に測定する装置と制御を行う遠隔
地とを通信回線で結び，遠隔地からこれらのモニタリングや制御を行うもので
す。➡ **維持編** | **Q05**

遠隔モニタリングシステムの操作状況　　　　　遠隔モニタリングシステムの操作画面の一例

設計編
Question 20
直流電源装置の設置に関する基準にはどのようなものがありますか?

Answer

　直流電源装置の設置は電気設備技術基準に基づいて設置します。

➡ 施工編│Q15　➡ Column│25

　直流電源装置には種々のタイプがあり，防食対象や防食の目的などを十分に考慮して選定します。➡ 設計編│Q18,Q19

　電気設備技術基準においては，直流電源装置に対する基準として，二次側出力が60V以下であることが規定されています。これは，人体などに対する安全性を考慮した規定です。コンクリートの電気防食では二次側出力が概ね15～30V以下のものが多く適用されています。また，その設置に関しては，D種接地工事を実施することが規定されています。

　これ以外の具体的な基準としては，「電気化学的防食工法指針」（土木学会コンクリートライブラリー157）の電気防食工法標準3.7.7直流電源装置と筐体に，以下のようなに記述されています。

　　・直流電源装置は，設計防食期間において所定の防食電流を安定して供給できるものを選定する。

　　・直流電源装置を収納する筐体（ボックス）は，設計防食期間において，十分な耐食性・環境遮断性および温度調整機能を有するものを選定し，その設置位置は波浪などの環境の影響を考慮して選定する。

　　・防食対象の構造物が，防爆区域に立地する場合，必要とされる防爆仕様を満足するものを選定する。

　なお，落雷の多い地域では，直流電源装置を落雷から守るための避雷器（サージアブソーバなど）を設置することも必要です。

設計編 Question 21 設計および竣工資料としてはどのようなものを記録・保存しなければなりませんか？

Answer

電気防食の設計資料として記録・保存すべきものとしては，電気防食の設計成果品があります。 ➡ **設計編 | Q02**

ただし，この設計成果品は，実際の施工によって，変更などが生じる場合があります。そのため，竣工資料・成果品としては，変更後の内容に修正したものでなければなりません。 ➡ **施工編 | Q19**

Column 21
大井コンテナ埠頭の電気防食

　大井コンテナ埠頭は 1971 ～ 1975 年に建設され，1996 ～ 2003 年に高規格ターミナルに再整備された全長 2354 m，水深マイナス 15m の連続 7 バースの鋼管杭式 RC 造桟橋です。

　再整備に併せ，当初建設された桟橋部の補修を検討し，フィックの拡散則に基づき非補修部，部分断面修復，表面被覆，電気防食が適用されました。

　適用された電気防食は，いずれもチタン系陽極材を用いた方式で，チタンメッシュ，チタンリボンメッシュ，チタングリッドが適用されています。電気防食の施工規模は，面積 22481 m²，電気回路数 79，照合電極 315 個(基本 4 本／回路)で構成されています。施工規模が非常に大きく，回路数および照合電極数が多いため維持管理に遠隔監視制御装置を適用しています。遠隔監視制御装置による通電調整を 2006 年以降毎年実施し，防食管理指標を満足できるように通電電流量の調整を行い，当初 10mA ／m²以上の通電電流量が 5mA ／m²程度での通電が可能になるなど，非常に良好な電気防食の維持管理が実施され運用されています。

■大井コンテナ桟橋 全体配置

改訂版
コンクリート構造物の
電気防食
Cathodic Protection of Steel Reinforced Concrete
Q&A

4
Chapter

施工編

施工編
Question
01
施工はどのような手順で行うのですか？

Answer 〜〜〜〜〜〜〜〜〜〜〜〜〜〜〜〜〜〜〜〜〜〜〜〜

　コンクリート構造物の電気防食には，面状陽極方式，線状陽極方式，点状陽極方式などがありますが，いずれの場合でも基本的な施工の手順は同一で，下記の施工フローに準じて実施します。

　以下の施工手順は，桟橋や橋梁の補修工事の場合の一般例です。

■一般的な施工フロー

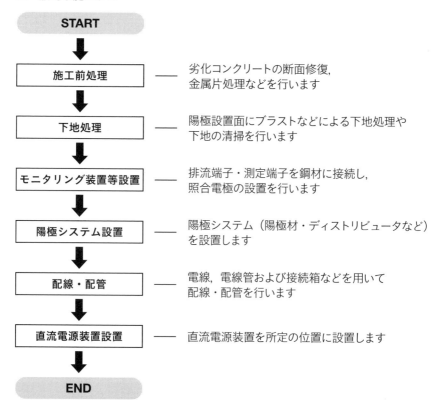

START	
施工前処理	劣化コンクリートの断面修復，金属片処理などを行います
下地処理	陽極設置面にブラストなどによる下地処理や下地の清掃を行います
モニタリング装置等設置	排流端子・測定端子を鋼材に接続し，照合電極の設置を行います
陽極システム設置	陽極システム（陽極材・ディストリビュータなど）を設置します
配線・配管	電線，電線管および接続箱などを用いて配線・配管を行います
直流電源装置設置	直流電源装置を所定の位置に設置します
END	

前頁の施工フローにおける陽極設置の手順は，それぞれの電気防食方式によって異なりこれらの施工手順の例を電気防食の代表的な方式であるチタンメッシュ陽極（面状陽極）方式，チタンリボンメッシュ陽極（線状陽極）方式の場合について，以下に示します。

■一般的な施工フロー
（1）チタンメッシュ陽極方式の場合　➡ **施工編** | **Q11**

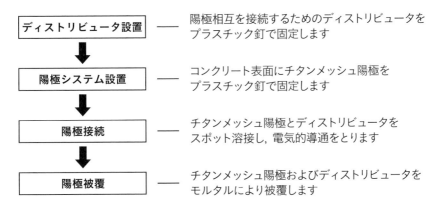

ディストリビュータ設置 ── 陽極相互を接続するためのディストリビュータをプラスチック釘で固定します

陽極システム設置 ── コンクリート表面にチタンメッシュ陽極をプラスチック釘で固定します

陽極接続 ── チタンメッシュ陽極とディストリビュータをスポット溶接し，電気的導通をとります

陽極被覆 ── チタンメッシュ陽極およびディストリビュータをモルタルにより被覆します

（2）チタンリボンメッシュ陽極方式の場合　➡ **施工編** | **Q12**

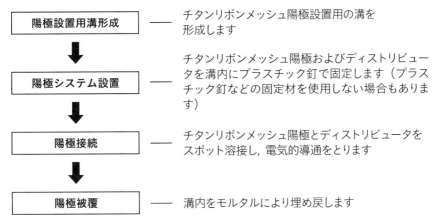

陽極設置用溝形成 ── チタンリボンメッシュ陽極設置用の溝を形成します

陽極システム設置 ── チタンリボンメッシュ陽極およびディストリビュータを溝内にプラスチック釘で固定します（プラスチック釘などの固定材を使用しない場合もあります）

陽極接続 ── チタンリボンメッシュ陽極とディストリビュータをスポット溶接し，電気的導通をとります

陽極被覆 ── 溝内をモルタルにより埋め戻します

※チタンリボンメッシュ RMV 陽極方式の場合も，同様の施工手順となります
（使用する陽極材がチタンリボンメッシュ陽極をV型に加工したものとなり，陽極設置の溝切幅が狭くなります）

施工期間はどのくらいかかりますか？

Answer 〜〜〜〜〜〜〜〜〜〜〜〜〜〜〜〜〜〜〜〜〜〜〜〜〜

　各種電気防食方式の概略施工日数（実質作業日数）の例として，エルガード
システム（チタンメッシュ陽極方式およびチタンリボンメッシュ陽極方式）の
場合を以下に示します。

【条件】
- ・　施工対象は桟橋上部工の床版および梁とする
- ・　施工対象面積は500㎡（1回路）とする
- ・　直流電源装置は桟橋上に設置する

（1）チタンメッシュ陽極方式の場合

施工フロー	概略施工日数	備考
施工前処理	7〜14日	断面修復量等により異なります
下地処理	5日	50㎡／日×2班で作業の場合 （ブラスト処理の場合）
モニタリング装置等設置	2日	はつり〜溶接〜埋戻し 排流・測定端子4本 照合電極2本
陽極システム設置	10〜15日	10〜20㎡／日程度×2班で作業の場合
配線・配管	7日	桟橋の構造により異なります
直流電源装置設置	3日	
合計：34〜46日 電気防食工のみ（施工前処理を除く）では27〜32日程度		

（2）チタンリボンメッシュ陽極方式の場合

施工フロー	概略施工日数	備考
施工前処理	7〜14日	断面修復量等により異なります
↓		
モニタリング装置等設置	2日	はつり〜溶接〜埋戻し 排流・測定端子4本 照合電極2本
↓		
陽極システム設置	15〜20日	10〜15㎡／日程度×2班で作業の場合
↓		
配線・配管	7日	桟橋の構造により異なります
↓		
直流電源装置設置	3日	
合計：34〜46日 電気防食工のみ（施工前処理を除く）では27〜32日程度		

施工編
Q02

Column 22
電気防食の仲間〜電気防食と他工法の違い

　電気防食では鋼材の電位を直接制御して腐食を停止させることを目的としてコンクリートに電流を流しているのに対し，他の3工法では以下の項目を目的としています。

・脱塩工法
　腐食因子である塩化物イオンの除去または低減
・再アルカリ化工法
　中性化したコンクリートの腐食環境を改善するアルカリ性の付与（水酸基：OH^-の浸透）
・電着工法
　腐食因子の侵入を抑制する皮膜（電着物）をコンクリート表面，
　またはひび割れ部に析出させる

　これらの工法では，電気泳動や電気浸透を利用して物質を移動させることを目的としているため，電気防食と比較して大きな電流密度を短期間でコンクリート構造物に流すのが特徴となっています。また，電気防食が常時陽極を設置して防食電流を流しているのに対し，これらの工法では通電終了後に陽極を撤去します。

143

施工編
Question 03

施工にはどのような資格が必要ですか?

Answer ~~~~~~~~~~~~~~~~~~~~~~~~~~~~~~~~~~~~

工種毎に必要な資格を下表に示します。

工　種	施工内容	資格	管理内容
施工前処理	はつり・断面修復 鋼材の前処理	特になし	
下地処理	コンクリート面への ブラスト	特になし	
モニタリング 装置等設置	排流・測定端子の設置	アーク溶接[1]	鋼材間導通確認試験[3]
	照合電極の設置	特になし	照合電極作動確認試験[3]
陽極システム 設置	各陽極の設置	特になし	陽極間導通確認試験[3]
	ディストリビュータの設置	特になし	陽極鋼材間絶縁確認試験[3]
	陽極被覆など	特になし	
配線・配管	接続箱の設置	特になし[2]	
	配管材の固定	特になし[2]	
	電線の通線	特になし[2]	
直流電源 装置設置	基礎工事	特になし	システム動作確認試験[3]
	直流電源装置設置工事	特になし[2]	
	配線工事	特になし[2]	
	D種接地工事	電気工事士	

※1:アーク溶接機で排流・測定端子を設置する場合:アーク溶接作業者
※2:電気設備工事の場合:電気工事士の資格を有する者,もしくは資格者の指導を受けた下位者の作業が望ましい
※3:品質管理の場合:電気防食に関する専門的な知識と経験を有する者,または資格(コンクリート電気防食管理技術者)を有する者

電気を使用する施工時の安全性は大丈夫ですか？

Answer

　陽極を設置し，防食回路を構成するまでは電気を流しません。したがって，施工中に設置する陽極，ディストリビュータ，排流端子など使用される材料，および露出させた鋼材などに直接触れても，感電などの心配はありません。ただし，仮通電試験で一時的に電気を流す場合には，露出した陽極，鋼材，配線端部などに触らないように注意する必要があります。

　また，施工が完了し，防食回路が構成された段階では，陽極などは露出しておらず，通常は回路中の電圧が低い（数ボルト以下）ため，通電後の対象構造物に直接手で触れても，人体に直接影響はありません。➡ **入門編** | **Q11**

	施工中	仮通電試験中	施工後
陽極	○	×	○
鋼材	○	×	○
配線	○	×	○

○：安全，×：感電の可能性あり

施工時に使用する材料や機器には どのようなものがありますか？

関連Q➡ 入門編 Question 04

Answer 〰〰〰〰〰〰〰〰〰〰〰〰〰〰〰〰〰〰〰〰

施工時に使用する材料は，主に陽極材料と電気設備材料となります。

（1）主材料

　　①陽極材：チタンメッシュ陽極，チタンリボンメッシュ陽極など

　　②ディスト・リビュータ

　　③排流端子，測定端子

　　④照合電極

　　⑤陽極被覆材

　　⑥直流電源装置

　　⑦電線材（通電用ケーブル，計装用ケーブルなど），圧着端子類など※

　　⑧配管材（PF 管，HIVE 管など），配管支持材，配管固定材など

　　⑨接続箱，中継箱など

　　　※電線結線部処理に防水用樹脂等を使用する場合もある

主材料の構成

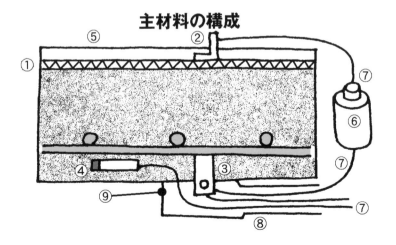

施工時に使用する機器は，主に断面修復用機器，溶接機器および測定用機器などとなります。

（2） 主要機器

- 空気圧縮機（30 ～ 50HP）… ブラスト処理，はつり工具用
- 発電機（20 ～ 50kVA）… 工事全般
- コンクリートカッター，コンクリートドリル，エアチッパー … はつり工具
- 溶接機（150 ～ 270A）… 導通工，排流端子設置工
- スポット溶接機… 陽極間の接続，ディストリビュータと陽極の接続（※写真参照）

- 測定用機器（直流電圧計，鉄筋探査計，金属探査計など）
- 左官工具，電工工具など
- その他の工具類

スポット溶接機

施工編 Question 06

前処理では劣化したコンクリートを どのように処理するのですか？

関連Q 施工編 Question 07

Answer ~~~~~~

電気防食対象部における劣化コンクリートの処理は，基本的に浮いている箇所・剥落・ひび割れ箇所のみが対象で，物理的に健全な箇所（浮き・剥落・ひび割れが無い箇所）は，腐食発生限界値以上の塩化物イオンを含んだコンクリートでも除去する必要はありません。ただし，劣化部の処理は発注者の仕様によって異なりますので，その仕様に従う必要があります。

劣化したコンクリートの除去後に断面修復する際，付着力低下を防止するため，はつり面にプライマーを塗布することがありますが，防食電流が流れないような絶縁性の材質のものは基本的には使用できません。また，劣化ではありませんが，過度の豆板（ジャンカ）も除去の対象とすることがあります。

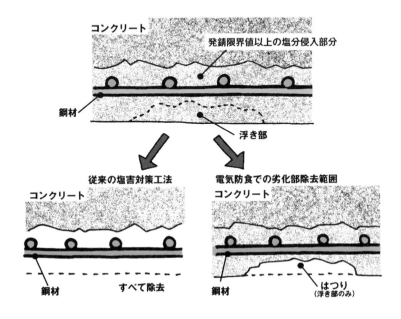

鋼材片などの異物の処理方法はどのようにするのですか？

関連Q 入門編 Question **10**

Answer

　電気防食対象鋼材と電気的導通のある結束線・鋼製スペーサーや，施工時に仮設したアンカー等の金属類は，陽極システムと接触すると鋼材と陽極材が短絡してしまうため，原則として，これらを除去する必要があります。これらは，チッパーなどの工具でその部分をはつり取り，モルタルで修復します。除去できない場合は，絶縁処理などの適切な処理を施す必要があります。なお，これらの露出金属処理は，チタンリボンメッシュ陽極設置用の溝切内でも同様に，磁石などを利用した探査を行い，確認された場合は絶縁処理または除去します。

施工編
Q06
Q07

　電気防食対象鋼材と電気的な導通のない鋼製の排水管や，点検通路等の付帯物やセパレータ等の金属は，電食により腐食する可能性があるため，①除去する。②鋼材とのボンド処理を施す。③個別に絶縁処理を施す。④陽極システムを金属から十分に離れた位置（15㎝以上離れた位置）に配置する。のいずれかの対策が必要です。次頁に①と②の対策例を示します。

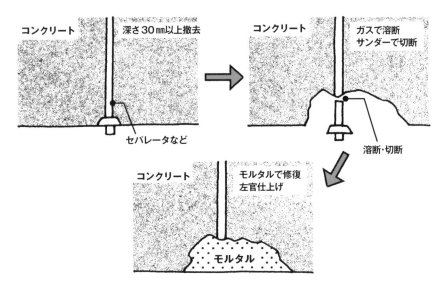

①異物鋼材の処理法（除去）

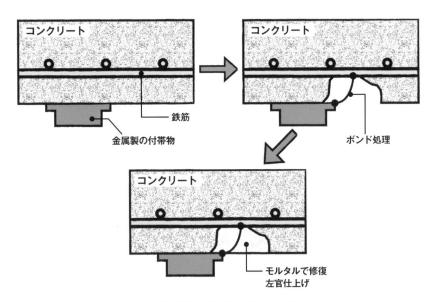

②異物鋼材の処理法（ボンド処理）

鋼材の電気的導通は
どのように確認するのですか？

Answer 〜〜〜〜〜〜〜〜〜〜〜〜〜〜〜〜〜〜〜〜〜〜〜〜〜〜〜〜〜〜

　電気防食を適用するコンクリート中の防食対象となる鋼材は，全て電気的な導通が必要となります。

　鋼材間の導通は，対象鋼材に設置した排流端子と露出した鋼材間，あるいは露出した鋼材同士で電位差を測定して確認します。➡ **施工編｜Q17**

施工編
Q07
Q08

鋼材間の導通確認（ＲＣ構造物）

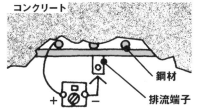

コンクリート

鋼材すべてを露出
させる必要はない

鋼材

排流端子

＋　　−

　また，上記の方法によって導通がないと判定された部位については，下の図のように幅10cm程度で鋼材を露出させ，導通用鋼材（Φ6〜9mm）を配置し，導通を確保するものとしています。

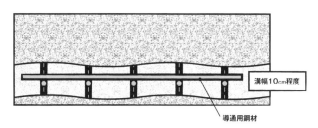

溝幅10cm程度

導通用鋼材

導通用鋼材により既存鋼材の導通を確保する

151

導通がない場合の施工例（導通筋設置工の例）

　PC 構造物の場合，ポストテンション方式ではスターラップ（あばら筋）と鋼製シース管との間で導通の確認を行い，プレテンション方式ではスターラップと PC 鋼材間，PC 鋼材同士でそれぞれ導通の確認を行います。（一般にポストテンション方式では，シース内部の PC 鋼材は防食対象にはなりません。）

　なお，プレテンション方式の場合で導通が得られない場合には，溶接など熱応力の影響を受ける方法は避けて導通を得る必要があり，導通用鋼材と各防食対象鋼材（PC 鋼材）とを金属製の結束線などで加締めて（カシメ：強く締め付け密着させて）導通をとります。

　ポストテンション方式およびプレテンション方式の PC 鋼材と鉄筋との導通確認試験の測点を次頁に図示します。

PC 構造物の鋼材間導通確認試験
(1) ポストテンション方式（側面）

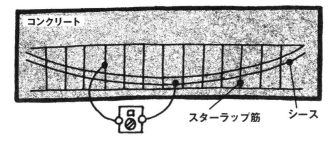

コンクリート

スターラップ筋　　シース

ポストテンション方式（断面）

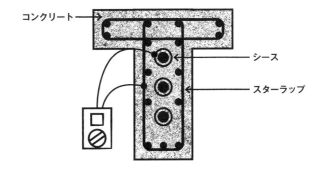

コンクリート

シース

スターラップ

(2) プレテンション方式（断面）

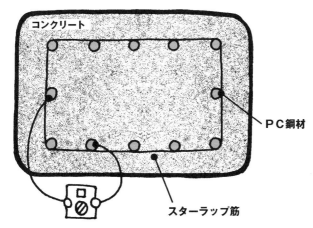

コンクリート

ＰＣ鋼材

スターラップ筋

153

鋼材への電気的な接続は どのようにするのですか？

関連Q 設計編 Question **16**

Answer

　設計で決定された排流端子設置位置のコンクリートを，鋼材が露出するまではつり出し，露出した鋼材に排流端子を溶接にて取り付けます。ただし，PC構造物の場合には，PC鋼材やシースに排流端子を溶接してはいけません。溶接によるPC鋼材への熱応力の影響を避けるため，PC鋼材との電気的導通を確認したスターラップ筋に排流端子を設置します。 ➡ **設計編｜Q16**

　設置した排流端子は，モルタルなどで埋め戻し，露出した排流端子の先端あるいは排流端子から立ち上げられたケーブルに，直流電源装置のマイナス側からの電線を接続します。

　排流端子は，鋼材に平板状の金属を取り付けるバー型（排流端子取付後ケーブルを結線）と，ケーブルが接続された丸鋼を取り付けるケーブル型とに分類されます。

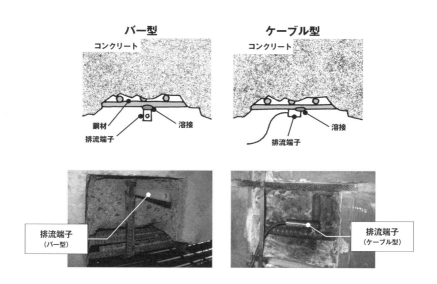

バー型

コンクリート

鋼材　溶接
排流端子

ケーブル型

コンクリート

溶接

排流端子

排流端子
（バー型）

排流端子
（ケーブル型）

照合電極はどのように設置するのですか？

Answer

　照合電極の設置は，露出させた鋼材にケーブルタイなどを用いて照合電極を固定する方法や，樹脂製の取り付け治具などを用いて鋼材近傍のコンクリートに固定する方法があります。

露出した鋼材への固定方法の一例

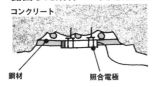

コンクリート

鋼材　　　　　照合電極

照合電極の設置状況

　設置した照合電極は，保護キャップを取り外した後にモルタルで埋め戻します。埋め戻すモルタルは，コンクリートと同程度の電気抵抗を有する材料を使用し，照合電極の周囲（とくに先端の電位検知部：液絡部）に空隙が生じないよう入念に充填します。照合電極の液絡部の乾燥防止のため，保護キャップの取り外しはモルタルで埋め戻す直前に行います。また，埋設する照合電極本体が防食電流の分布を阻害することをできるだけ避けるために，照合電極が陽極材と防食対象鋼材の間に入らないように設置する必要があります。陽極と鋼材間に設置された照合電極が防食電流の鋼材への供給を遮断します。（次頁図参照）

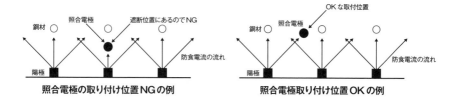

照合電極の取り付け位置NGの例 照合電極取り付け位置OKの例

Column 23

港湾構造物における電気防食の事例
沈埋トンネルの電気防食

　海底トンネルの一種である沈埋トンネルは，1893 〜 1894 年（明治 26 〜 27 年）にボストン港内の下水管敷設工事で初めて実施されました。日本初の沈埋トンネルとしては 1935 〜 1944 年（昭和 10 〜 19 年）に大阪安治川海底トンネルが建設されました。その後，多数の沈埋トンネルが日本の各地でつくられています。沈埋トンネルでは，長さが 100m 前後の函体を複数個（一般に 6 〜 12 程度），海底でつないでいきます。

　その沈埋トンネルの構造として，最近では鋼とコンクリートの合成構造が多く採用されています。そのうち神戸港港島トンネルや那覇うみそらトンネルでは，鋼板でつくられた外殻の内部に高流動コンクリートを充填するフルサンドイッチ構造が採用されています。この沈埋トンネルは，完成時には海中に没するため，フルサンドイッチ構造では外側の鋼板が腐食しないように防食を行う必要があります。そのために，沈埋トンネルの鋼殻を陸上ヤードなどで製作する時，あらかじめ本体側面に電気防食のための陽極を取り付けます。

　長さが約 100m のフルサンドイッチ構造沈埋函の両側面には，重さが 130 〜 150kg のアルミニウム合金陽極が 200 〜 300 個近く取り付けられます。これらのアルミニウム合金陽極は，耐用年数を 100 年として設計されています。

①陸上製作ヤードで
函体を製作

②半潜水式台船で回航

③洋上で高流動コンクリートを
充填

面状方式の陽極システムの設置はどのようにするのですか?

関連Q ▶ 施工編 Question **13**

Answer

　面状方式の陽極システムの設置例として，チタンメッシュ陽極方式では，コンクリート面にブラストなどの下地処理を適切に施し，チタンメッシュ陽極とディストリビュータをコンクリート面にプラスチック釘等を用いて固定し，スポット溶接で両者を電気的に接続します。陽極等設置後，モルタルで被覆します。

施工編
Q10
Q11

下地処理

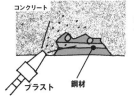

コンクリート面にブラストなどの下地処理を行う

陽極設置

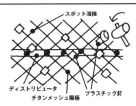

ドリルで穴あけ後，プラスチック釘をハンマーで打ち込み，陽極を固定する。次に，ディストリビュータとチタンメッシュ陽極をスポット溶接し，電気的に一体化する

陽極被覆

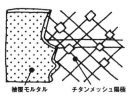

陽極を固定後，モルタルを約10〜20mmの厚さで被覆する

施工編 Question 12 線状方式の陽極システムの設置はどのようにするのですか？

関連Q ▶ 施工編 Question 13

Answer

　線状方式の陽極システムの設置例として，チタンリボンメッシュ陽極方式では，コンクリート面にチタンリボンメッシュ陽極が設置・固定できる程度の溝を切削し，その溝内にチタンリボンメッシュ陽極をプラスチック釘等で固定します（プラスチック釘等の固定材を使用せず溝内に設置する場合もあります）。また，ディストリビュータも同様に設置し，同一回路内に設置した陽極とディストリビュータの交点をスポット溶接で電気的に接続し，モルタルで被覆します。

　溝内への陽極の設置方法には，縦設置と横設置があります。従来は横設置で，その後溝形成や溝内での陽極固定がより簡単な縦設置の方法も行うように

■縦設置の場合の設置例

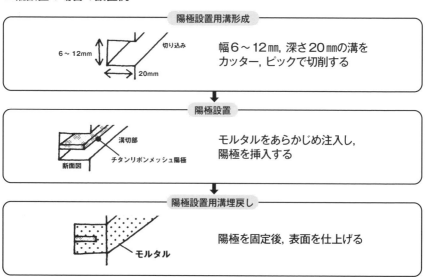

陽極設置用溝形成
幅6～12mm，深さ20mmの溝をカッター，ピックで切削する

陽極設置
モルタルをあらかじめ注入し，陽極を挿入する

陽極設置用溝埋戻し
陽極を固定後，表面を仕上げる

158

なり，縦設置では，鉄筋かぶりが小さい場合，溝の奥側での鉄筋との接触（短絡）に対する注意が必要となります。

■横設置の場合の設置例

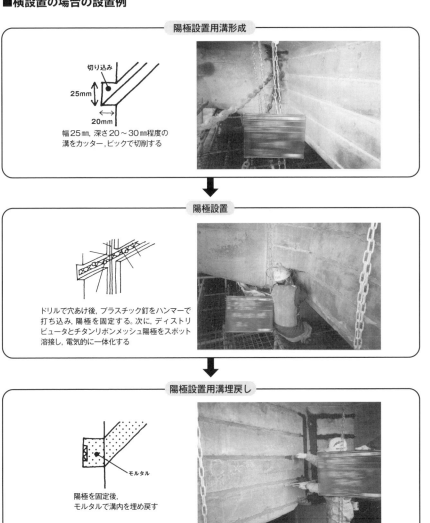

陽極設置用溝形成

切り込み
25mm
20mm

幅25㎜，深さ20～30㎜程度の溝をカッター，ピックで切削する

施工編
Q12

陽極設置

ドリルで穴あけ後，プラスチック釘をハンマーで打ち込み，陽極を固定する。次に，ディストリビュータとチタンリボンメッシュ陽極をスポット溶接し，電気的に一体化する

陽極設置用溝埋戻し

モルタル

陽極を固定後，モルタルで溝内を埋め戻す

各種陽極の被覆モルタルはどのように施工しますか？

Answer 〜〜〜〜〜〜〜〜〜〜〜〜〜〜〜〜〜〜〜〜〜〜〜〜〜〜〜

　方式別に前述した電気防食の陽極の被覆は，具体的には次のように行います。

　チタンメッシュ陽極は，無機系のプレミックスモルタルを左官または吹付けで施工します。 施工面積が大きい場合，吹付けによる施工が適しています。チタンリボンメッシュ陽極の場合は，左官により施工します。

　陽極のモルタル被覆作業を行う場合には，以下の点に留意して施工します。

(1) チタンメッシュ方式の場合，確実に付着が取れるように下地処理を行う。

(2) 陽極を設置するコンクリート表面（溝内）の，ほこりやごみなどを除去する。

(3) モルタル硬化時のドライアウトを防ぐため，コンクリート表面（溝内）に水打ち，またはプライマー（電気防食に影響のない製品）を塗布する。

(4) 吹付け施工時は，飛散防止対策を確実に実施する。

(5) 吹付け施工および左官施工とも，ダレ防止と一体化を図るため，何層かに分けて施工する。

■陽極被覆状況の例

チタンメッシュ陽極方式

チタンリボンメッシュ陽極方式

Column 24
分極曲線と腐食環境

　分極曲線から，コンクリート中の鉄筋の腐食環境が分かります。

右図の腐食環境の厳しさは，

　　　③＞②＞①の順番です。

　すなわち，滑らかに増加する分極曲線の方が急激に増加する場合よりも，所定の分極量を得るために必要な通電電流密度が大きく，腐食が激しい環境状況にあると判定できます。

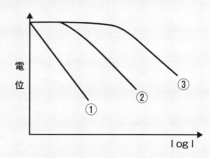

161

直流電源装置はどのように設置するのですか？

関連Q ➡ 設計編 Question **20**

Answer 〜〜〜〜〜〜〜〜〜〜〜〜〜〜〜〜〜〜〜〜〜〜〜〜〜〜〜〜

　直流電源装置の容量や回路数によって異なりますが，一般的には以下のように設置します。

（1）小容量タイプや回路数が少ない場合には，壁面にアンカーボルトで固定した設置や，防食対象の近くに電柱を建て，ステンレスバンド等で電柱に固定して設置する。

　　（対象が小規模な場合には，ソーラーパネル式の電源装置を設置することも可能）

（2）大容量タイプや回路数が多い場合には，基礎コンクリートを打設し，その上に電源装置をアンカーボルトで固定して設置する。

　なお，直流電源装置の設置においては電気設備技術基準に準拠し，D種接地工事を実施します。

　直流電源装置の設置の例を次頁に示します。

①壁面に設置する場合

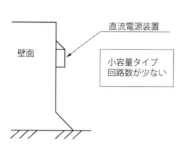

壁面
直流電源装置
小容量タイプ
回路数が少ない

②電柱に設置する場合

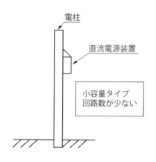

電柱
直流電源装置
小容量タイプ
回路数が少ない

③基礎コンクリート上に設置する場合

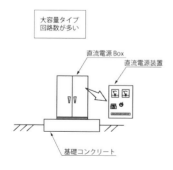

大容量タイプ
回路数が多い

直流電源Box
直流電源装置

基礎コンクリート

配線・配管の施工では どのような点に注意するのですか?

Answer ～～～～～～～～～～～～～～～～～～～～～～～～～～

配線・配管の施工では，特に以下の点に注意して実施します。

（1）電線管などを設置する場合は，陽極本体や埋め込んである照合電極など をコンクリートドリルなどで傷つけないようにする。照合電極などの埋 設物は，埋め戻す前の設置状況を，コンクリート表面に目印などをつけ て写真に撮り，記録に残すのがよい。

（2）電線管や中継箱・接続箱などを設置する場合，固定に使用する金属アンカー などが陽極システムや鉄筋などと接触しないようにする。中継箱や接続 箱は水抜き孔を設ける場合もある。

（3）電線の接続は必ず接続箱内で行い，配管内では行わない。結線部は絶縁 材を使用し，完全な防水処理を施す。

（4）陽極および排流端子の接続やモニタリング用などのケーブルの接続は， 結線を間違えないように配線整端表などを用いて確実に行う。さらに， 電線にも行先などを明記した表示板やシールを付けておくとよい。

配線・配管の施工状況

桟橋の適用事例（大井埠頭）

施工時の品質管理項目にはどのようなものがありますか？

Answer ∿∿∿∿∿∿∿∿∿∿∿∿∿∿∿∿∿∿∿∿∿∿∿∿∿∿∿∿∿∿∿

　電気防食工法では，施工管理の一環として，各施工段階において以下に示す品質管理の試験を実施します。

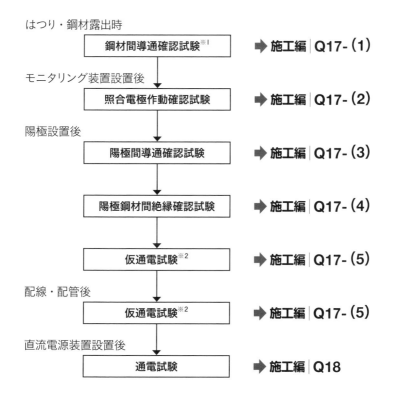

はつり・鋼材露出時
| 鋼材間導通確認試験※1 | ➡ 施工編 | Q17-(1) |

モニタリング装置設置後
| 照合電極作動確認試験 | ➡ 施工編 | Q17-(2) |

陽極設置後
| 陽極間導通確認試験 | ➡ 施工編 | Q17-(3) |

| 陽極鋼材間絶縁確認試験 | ➡ 施工編 | Q17-(4) |

| 仮通電試験※2 | ➡ 施工編 | Q17-(5) |

配線・配管後
| 仮通電試験※2 | ➡ 施工編 | Q17-(5) |

直流電源装置設置後
| 通電試験 | ➡ 施工編 | Q18 |

※1 鋼材間導通確認試験は，モニタリング部だけでなく断面修復部の露出鉄筋でも行う。断面修復がない場合でも，同一部材内の最低2箇所を対角にはつり出し，鋼材間導通確認試験を行う
　　もし，導通がなければ直ちに導通工の施工について，設計変更を発注者と協議する
※2 回路内の陽極全体が電気的に一体化する前（配線・配管前）と一体化した後（配線・配管後）のそれぞれの段階で行うのが望ましい。配線・配管前に行うことで，異常があった場合，その箇所の特定ができる

■品質管理項目および実施時期

(1) チタンメッシュ陽極方式の例

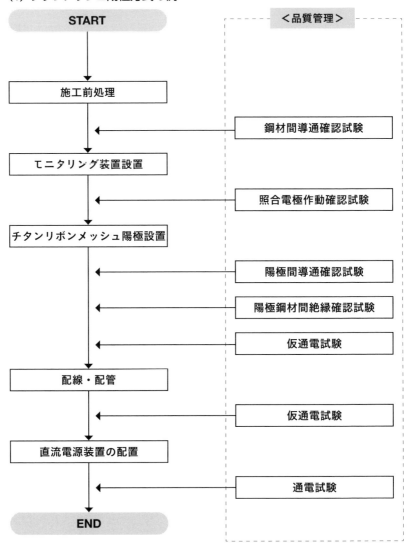

■品質管理項目および実施時期

(2) チタンリボンメッシュ陽極方式の例

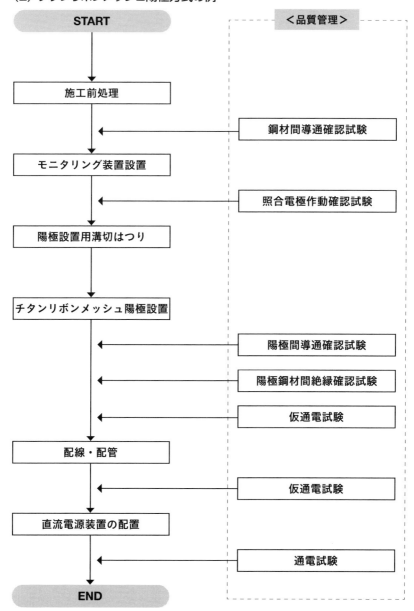

施工編 Question 17

施工編

施工時の品質管理は試験項目ごとにどのように行いますか?

Answer

電気防食工法では鋼材の導通,陽極・鋼材間の絶縁が重要なポイントとなるため,施工中の品質管理の一環として,以下に示す試験(検査)を実施します。

(1) 鋼材間導通確認試験

(2) 照合電極作動確認試験

(3) 陽極間導通確認試験

(4) 陽極鋼材間絶縁確認試験

(5) 仮通電試験

(6) 通電試験 **➡ 施工編 Q18**

各検査管理項目の試験概要を以下に示します。

(1) 鋼材間導通確認試験

直流電圧計により,排流・測定端子と鋼材間,各端子同士,鋼材同士の電位差を測定し,この時の電位差が 1.0mV 未満であることを確認します。電位差が 1.0mV 未満であれば電気的導通が確保されています。

鋼材間の導通確認(RC 構造物の例)

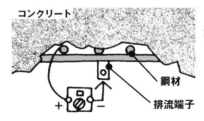

コンクリート

鋼材すべてを露出
させる必要はない

鋼材

排流端子

（2）　照合電極作動確認試験

　照合電極設置，モルタル復旧完了後，鋼材の電位を高入力抵抗（100 MΩ
以上）の直流電圧計で測定し，安定した電位が得られるかにより，照合電極の
作動状況を確認します。安定した電位が得られれば，照合電極は正常に作動し
ていると判断できます。

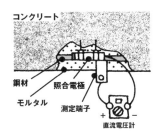

（3）　陽極間導通確認試験

　陽極設置後，直流電圧計により，各陽極間，および陽極とディストリビュー
タ間の電位差を測定し，この時の電位差が 1.0mV 未満であることを確認しま
す。電位差が 1.0 mV 未満であれば電気的導通が確保されています。

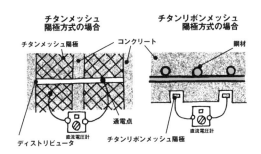

（4）　陽極鋼材間絶縁確認試験

　陽極設置後，直流電圧計により，各陽極と排流端子との電位差を測定し，こ
の時の電位差が 10mV 以上であることを確認します。電位差が 10mV 以上
であれば，電気的な絶縁が確保されています。

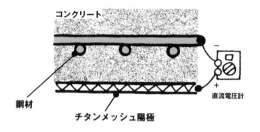

コンクリート
鋼材
チタンメッシュ陽極
直流電圧計

（5） 仮通電試験

　各回路の配線・配管完了後，防食回路およびモニタリング回路が確実に作動するかどうかを確認するために，仮通電試験を実施します。仮通電試験では，施工完了後に使用する直流電源装置あるいは仮設の直流電源装置を用いて 10 mA／㎡程度の電流密度で通電し，各照合電極埋設位置で，鋼材電位を高入力抵抗（100 MΩ以上）の直流電圧計で計測し，その電位が自然電位からマイナス方向に変化することを確認します。また，配線・配管の前（回路内の全陽極が電気的に一体化する前）にも，必要に応じて陽極群（ディストリビュータで一体化した陽極）毎に仮通電試験を行うことによって，異常のある場合その箇所を特定することができます。なお，配線・配管前の仮通電時，埋設照合電極がない箇所での電位変化の確認は，外部測定型の照合電極を用いて電位測定を行います。

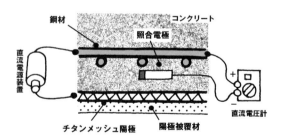

鋼材
コンクリート
照合電極
直流電源装置
チタンメッシュ陽極
陽極被覆材
直流電圧計

通電を開始するための
最終確認と調整は
どのようにするのですか？

Answer 〰〰〰〰〰〰〰〰〰〰〰〰〰〰〰〰〰〰〰〰

　電気防食工事が終了すると，電源装置を作動させ，通電を開始します。しか
し，防食に必要となる防食電流の大きさは，構造物の設置環境，鋼材の腐食程
度，コンクリート中の塩化物イオン量など様々な影響を受けます。この防食に
必要となる防食電流の大きさを決定することが必要で，そのために分極量試験
（E-logI 試験）を行います。また，一定期間の通電終了後に防食効果を判定す
るために，復極量試験が行われます。

　これらの試験は，回路毎に行い，高入力抵抗（100MΩ以上）の直流電圧
計で各モニタリング箇所の鋼材の電位を測定します。

（1）　分極量試験

　分極量試験では，設置した陽極から鋼材に向けて，防食電流密度を徐々に
増加させて電流を流し，各設定電流密度の時のインスタントオフ電位（E io）
を計測します。その計測値から算出される分極量（自然電位とインスタントオ
フ電位との差）が，設定された防食管理指標（100 mV以上）を満たすため
の防食電流密度を決定します。

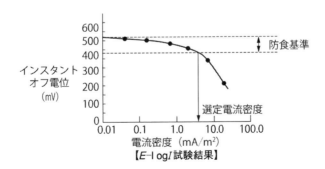

【E−logI 試験結果】

現在，一般的に行われている試験方法の手順を以下に示します。

①自然電位（Ecorr）の測定

②防食電流の供給　（防食電流＝防食電流密度×防食対象面積）

　防食電流密度を徐々に（原則として対数等間隔的に）増加させて，通電します。防食電流密度は，基本的には防食対象鋼材表面積当たりですが，防食対象コンクリート表面積当たりとすることもあり，「鋼材表面積当たり」であるか「コンクリート表面積当たり」であるかを，明確にして試験を行い，記録にも明記する必要があります。なお，一般的な橋梁では，防食対象鋼材表面積は防食対象コンクリート表面積の１／２程度です。

③防食電流の維持

　鋼材電位は，防食電流供給後１〜２分以内は急激に変化しますが，その後の電位は時間の経過とともに緩やかな変化に落ち着きます。維持時間は長いほど精度はよくなりますが，許される試験時間を考慮して，維持時間および防食電流密度の設定数を決めます。一般的には３分以上の一定時間の継続通電後に，鋼材電位を測定します。

④通電時のオン電位（Eon）の測定

⑤インスタントオフ電位（Eio）の測定

　測定箇所（モニタリング箇所）が複数の場合は，E on と E io を繰り返し測定します。

⑥防食電流密度を増加させ，Eon，Eio の測定（②〜⑤）を繰り返します。

　防食電流を決定するため，上記による測定のデータをもとに，インスタントオフ電位と防食電流密度の関係（E-logI の関係）をプロットして図化します。

■分極量試験時の電位と通電電流の変化の概念図

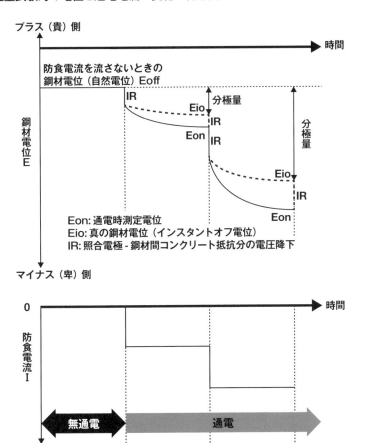

プラス（貴）側

時間

防食電流を流さないときの
鋼材電位（自然電位）Eoff

IR

Eio

分極量

鋼材電位 E

IR

Eon IR

分極量

Eio

IR

Eon: 通電時測定電位
Eio: 真の鋼材電位（インスタントオフ電位）
IR: 照合電極 - 鋼材間コンクリート抵抗分の電圧降下

Eon

マイナス（卑）側

施工編
Q18

0

時間

防食電流 I

無通電

通電

マイナス（卑側）

（2） 復極量試験

　復極量試験とは，インスタントオフ電位（Eio）と，通電を停止して一定の時間が経過（一般的には 24 時間程度経過）後に計測した電位（Eof）の差を算出し，目標の復極量（一般的には防食管理指標の 100mV 以上）が得られているかを確認する試験です。

　通電の停止時間（通電停止から Eof を計測するまでの時間）は，一般的には 24 時間程度ですが，復極の速度によって短縮あるいは延長することができます。干満帯のような湿潤環境では，コンクリート中の溶存酸素の鋼材への供給が遅いことから鋼材の復極の速度が遅くなり，鋼材電位が貴化（プラス方向への電位変化）するまで時間がかかることがあります。過去の例では数日から 1 か月程度かかった場合もあります。

　逆に，鋼材かぶりが小さい場合などは，酸素の供給が早く復極の速度は速くなります。

　このように鋼材の復極の速度は，コンクリート等の環境により異なるため，データロガーなどを用いてその状況を把握する方法もあります。

　試験方法の手順を以下に示します。

　　①通電時の防食電流，電源電圧，鋼材の電位（Eon）の測定

　　②防食電流遮断直後の鋼材の電位（Eio）の測定

　　　測定箇所（モニタリング箇所）が複数の場合は，繰り返し測定

　　③十分復極した後の鋼材の電位（Eof）を測定

　　④復極量（Δ E）を算出する：Δ E ＝（Eof）-（Eio）

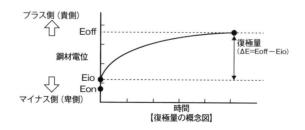

【復極量の概念図】

Question 19 電気防食工事では何を記録・保存しなければならないのですか?

関連Q → 設計編 Question 21 ｜ 維持編 Question 09

Answer

　実際の施工条件や施工で得られた情報などは，電気防食適用後の構造物の維持管理において非常に重要であるため，施工記録（竣工図書）として参照しやすい形で記録・保存する必要があります。

　ただし，この施工記録は実際の施工によって，当初に計画したものと変更が生じる場合があります。施工記録としては，施工を行った内容に修正したものでなければなりません。

　標準的な記録すべき項目は，劣化の種類および範囲と補修方法，電気防食施工時に実施した試験の種類および試験方法と結果，設置した電気防食の各設備の仕様，設置方法，設置位置，設置後の試験方法および結果，ならびにそれらの写真です。

　標準的な記録とその項目の例を次頁の表に示します。

施工編
Q18
Q19

■標準的な記録と項目の例

工　種	記録の項目
防食対象	施設名，防食対象位置や部材 防食対象コンクリート表面積（分かれば防食対象鋼材表面積）
実施設計資料	適用最大防食電流密度
材料および 設備等の受入れ	仕様，数量 製造時あるいは製作時の検査方法および結果 受入れ時の検査方法および結果
変状部の補修	変状の種類，範囲，補修方法
鋼材の導通	鋼材間導通確認試験結果
排流端子の設置	仕様，設置方法，設置位置 導通確認試験結果
モニタリング装置 （照合電極）の設置	仕様（照合電極の種類），設置方法，設置位置 設置個数，照合電極作動確認試験結果
陽極システムの設置	仕様（陽極の種類），設置方法，設置位置，設置数量 陽極間導通確認試験結果，陽極鋼材間絶縁確認試験結果
直流電源装置の設置	仕様（回路数，最大出力電圧・電流，制御方式） 製作時の試験結果，設置方法，設置位置 設置後の動作確認試験結果，操作保守マニュアル
配線・配管	仕様，設置方法，設置位置，仮通電試験結果 配線整端表と配線系統図
遠隔モニタリング システムの設置	仕様，設置方法，設置位置 端末の設置場所，設置後の動作確認試験結果 遠隔モニタリングシステムの操作保守マニュアル
初期通電調整	通電前の鋼材自然電位，分極量試験結果
防食効果の確認	通電電圧・電流 鋼材のオン電位・インスタントオフ電位・オフ電位 （復極量確認）

注：各種試験・検査においては，試験方法，実施時期，判定基準，試験結果，判定結果を記録します

改訂版
コンクリート構造物の
電気防食
Cathodic Protection of Steel Reinforced Concrete
Q&A

5
Chapter

維持管理編

維持管理の目的と流れはどのようになっていますか？

Answer ～～～～～～～～～～～～～～～～～～～～～～～～～

　電気防食の維持管理の目的は，コンクリート構造物中の鋼材に対する防食効果の確認と防食装置の点検を行うことにより，コンクリート構造物の耐久性を長期間にわたって維持することです。

　電気防食工法は，防食期間を通して，適切な防食電流を流し続けるのが基本です。なお，最近ではバッテリー（蓄電池）を使用しないソーラーパネル電源装置による間欠通電の可能性も検討されています。

　いずれにしても，コンクリート構造物や防食システムの維持管理を適切に行うことが必要となります。

　具体的には，鋼材や陽極の電位およびその変化量や通電電圧，通電電流（防食電流）の確認，および防食装置の損傷・腐食状態の確認などです。

■維持管理の手順

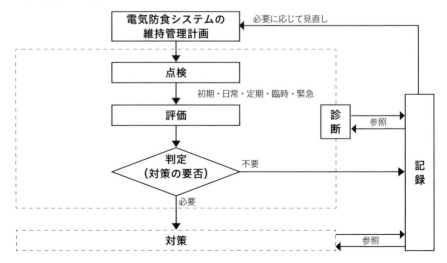

本フローは，土木学会コンクリートライブラリー 157「電気化学的防食工法指針」解説図 5.1.1 を簡素化したものです。防食効果の判定を伴う電気防食の点検では，結果に基づき通電電圧や電流量の調整を行うことが基本です。

適切な維持管理を行うためには，維持管理計画に基づいた【点検】，【評価】，【判定】，【対策】，【記録】を継続的に実施することが大切です。点検に基づく，評価・判定の結果，対策が必要と診断された場合は，電気防食工法の専門技術者による詳細調査を実施します。

電気防食工法の専門技術者による詳細調査および評価に基づいて，対策が必要と判断された場合，電気防食システムの修復や更新，通電量の見直し，調整を行い，目標とした防食管理指標を満足していることを確認します。

電気防食システムの修復や更新，ならびに通電量の調整を行っても防食管理指標を満足しない場合には，電気防食システムの見直し，あるいは防食管理指標の見直しを実施します。

具体的な点検の種類や点検方法，または点検後の評価・判定については，5 章の各項を参照してください。 ➡ **維持編** | **Q03,Q05,Q06**

Column 25
電気防食における電気設備

電気防食に用いる電気設備については，経済産業省の電気設備に関する技術基準を定める省令（平成 9 年通商産業省令第 52 号）第 5 章 第 4 節 特殊機器等の施設（第 181 条～第 199 条の 2）で下記のように定められています。

＜電気設備の技術基準の解釈：第 199 条 抜粋＞
一 電気防食回路（電気防食用電源装置から陽極及び被防食体までの電路をいう。以下この条において同じ）は，次によること。
　イ 使用電圧は，直流 60V 以下であること。
四 電気防食用電源装置は，次に適合するものであること。
　イ 堅ろうな金属製の外箱に収め，これに D 種設置工事を施すこと。

電気防食工法の専門技術者とは
どのような人ですか？

Answer 〰〰〰〰〰〰〰〰〰〰〰〰〰〰〰〰〰

　電気防食工法の専門技術者は，土木学会コンクリートライブラリー 157「電気化学的防食工法指針」解説図 5.1.2 で次のように記載されています。

　「電気防食工法の専門技術者とは，コンクリート構造物に関する広範で高度な知識と豊富な経験を有し，電気防食工法の適用および適用後の維持管理にあたって適切な技術的判断ができる技術者を指します。加えて，電気防食システムの維持管理においては，維持管理の対象とする電気防食システムの設計，施工または適用後の維持管理業務に指導的立場で 1 件以上携わった経験を有する技術者を指します。」

　具体的には，電気防食工法を対象に研究を行っている大学等の研究機関や，設計・施工を行っている事業者の担当研究者・技術者等となるでしょう。なお，日本エルガード協会では，電気防食の専門技術者として，「JCPE コンクリート電気防食管理技術者」を試験により認定しています。

Column 26
JCPE コンクリート電気防食管理技術者

　日本エルガード協会では，エルガードシステムに関する知識や技術について一定レベルに達している優れた専門技術者を育成・確保することを目的として，JCPEコンクリート電気防食管理技術者の資格認定制度を 2004 年度に制定しました。

　認定試験の前には講習会を開催し，電気防食の基礎や設計・施工・維持管理等の座学に加えて電気化学的な実技講習を行い，基本的な知識を習得いただいた上で資格認定試験を行っております。

　2022 年現在，約 450 名の有資格者がおり，これらの専門技術者が携わることで，エルガードシステムを適用する構造物の品質確保を図り，工法の普及に努めております。

点検にはどのような種類がありますか?

Answer 〜〜〜〜〜〜〜〜〜〜〜〜〜〜〜〜〜〜〜〜〜〜〜〜

　点検には，初期点検，日常点検，定期点検，臨時点検，緊急点検があります。点検の目的によってその内容が異なります。

（1）初期点検

　初期点検とは，運用開始時の通電条件が適切であるかを確認することを目的として，通電開始から1年以内に電気防食工法の専門技術者が実施する点検です。

（2）日常点検

　日常点検とは，電気防食システムの不適切な稼働状態を早期発見することを目的として，通電の有無や電気防食システムの変状の有無を，管理者が目視で確認する点検です。

維持編
Q02
Q03

（3）定期点検

　定期点検とは，適切な防食状態を維持することを目的として，電気防食工法の専門技術者が，電気防食システムの状態を詳細に確認する点検です。

（4）臨時点検

　臨時点検とは，落雷や大地震，台風，水害等の災害，または人的な要因に起因する事故等が発生した場合に，不適切な稼働状態を早期発見することを目的として，必要に応じて管理者が目視で実施する点検です。

（5）緊急点検

　緊急点検とは，電気防食システムに大規模または著しい不具合や変状が生じた場合に，同時期に施工された類似の電気防食システムに，同じような問題が生じる可能性が高くなるため，速やかな処置をとるための情報収集を目的とし，必要に応じて，電気防食工法の専門技術者が実施する点検です。

定期点検を補うことを目的に初期点検と定期点検の間や，定期点検と次の定期点検の間にも点検を実施することが望ましく，防食効果が安定するまでには，1回／1〜3年の頻度を目安として，初期点検と同様の点検を電気防食工法の専門技術者が実施します。なお，土木研究所の「電気防食工法の維持管理マニュアル（案）」では，この点検を中間点検と称して実施することを推奨しています。

　これら点検の項目と内容については，後述の点検項目表を参照してください。

➡ **維持編** | **Q05**

Column 27
こんなにお得な電気防食

　電気防食は工事費が高い工法と思っていませんか？　事実，電気防食は表面塗装などと比較して，直接工事費の高い工法です。では，なぜ電気防食が使われるのでしょう？
　電気防食は，電気の力を借りて錆を止めます。電気が流れていれば，防食効果が長持ちします。長〜い目（ライフサイクルコスト）でみたら，こんなにお得です（下表）。

■ 60年間の防食ライフサイクルコストの概要・計算結果

単位：百万円

電気防食工法		コスト	表面被覆工法（初期から塗装）		コスト	従来工法（劣化部補修＋塗装）		コスト
費用区分			費用区分			費用区分		
初期工事費	施工費（直工）	104.7	初期工事費	施工費（直工）	36.4	初期工事費	施工費（直工）	0.0
維持費	電気料金（60年分）	2.6	維持費	—		維持費		
補修費	電源装置取替費	22.0	補修費			補修費	劣化部補修	259.8
	配線配管取替費	28.8		表面塗装費	216.5		表面塗装費	199.2
	足場費	1.9		足場費	43.3		足場費	43.3
総計		160	総計		294.4	総計		502.3

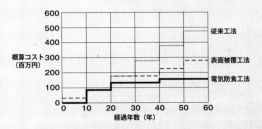

「海洋構造物の耐久性向上技術に関する共同研究報告書」
（建設省土木研究所共同研究報告書第256号）

維持編 Question 04

どの程度の頻度で点検を行うのですか？

Answer 〜〜〜〜〜〜〜〜〜〜〜〜〜〜〜〜〜〜〜〜〜〜〜〜〜〜〜〜〜〜

　点検は，基本的には管理者が策定した維持管理計画書に基づいた頻度で行わなければなりません。標準的な点検頻度は，下表を参照して下さい。なお，この表は，土木学会コンクリートライブラリー 157「電気化学的防食工法指針」解説 表 5.2.2 および 5.2.3 を参考に作成したものです。

維持編
Q03
Q04

■点検頻度の目安

点検種別	実施者	実施時期		方法	
		道路構造物	港湾施設	近接目視	測定
初期点検	専門技術者	運用開始後：4回／年を標準 修復・更新後：1回／年以上 いずれも下記を含むこと		○	○
日常点検	管理者	6ヶ月に1回以上		○	—
定期点検	専門技術者	初回は通電開始後の 2年間内に実施するとよい		—	○
		5年に1回以上 できれば国の道路橋 定期点検時期	通常検診断施設： 5年に1回以上 重点点検診断施設： 3年に1回以上	○	○
臨時点検	管理者	必要時		○	—
緊急点検	専門技術者			○	○

※道路構造物においては中間点検を定期点検の間，または通電調整後1〜3ヶ月以内に行うことが望ましい。
　中間点検は近接目視を含まない防食効果の確認（測定）を主眼とする点検とする

点検が必要な項目および点検方法はどのようになっていますか？

Answer ∿∿∿∿∿∿∿∿∿∿∿∿∿∿∿∿∿∿∿∿∿∿∿

　点検が必要な項目には，装置や材料などがあり，引込計器盤，直流電源装置，陽極システム，モニタリング材・装置，配線・配管および避雷装置・材料があります。遠隔モニタリングシステムが設置してある場合には，それらについても点検が必要です。

　点検項目の中には，外観変状，稼働状態および通電状態確認のための測定があります。その内容は，直流電源装置やモニタリング材・装置，装置内端子・部品類の損傷・腐食の確認，表示灯の点灯の確認，鋼材や陽極の電位および電位変化量の確認などです。

　点検方法には，目視と計測機器による測定があります。これら以外の点検方法としては，遠隔モニタリングシステムによる方法があります。

➡ **設計編** | **Q19**

　遠隔モニタリングシステムでは，測定したデータ（鋼材の電位，電流，電圧）を通信回線によって管理室（事務所等）へ送信し，測定データを閲覧して稼働状況や防食状態の確認を行うものであり，遠隔モニタリングシステムの機能の中には，通信によって通電電圧や電流の調整を行えるものもあります。この機能を有するシステムでは，現地における計測作業や通電調整作業が省略できるので，維持管理コストの低減が図れるというメリットがあります。ただし，遠隔モニタリングシステムの稼働状況の確認は，定期点検時などに現地で目視確認や計測点検を実施する必要があります。

　なお，次頁の表は，土木学会コンクリートライブラリー157「電気化学的防食工法指針」の解説 表5.2.1などを参考にした点検項目・方法の一例です。

■点検頻度の目安

点検 対象		方法	項目	判断基準	対策例	点検種別 (1) 初期 (2)	日常 (3)	定期	臨時 (3)	緊急 (4)
防食対象部	防食対象コンクリート面	目視	ひび割れや浮き, 錆汁等の有無確認	ひび割れや浮き, 錆汁等なし	緊急点検 詳細調査 経過観察, 修復	△	○	○	○	○
	陽極システム		損傷・劣化・脱落等の確認	損傷・劣化・脱落等なし	緊急点検 詳細調査 修復, 交換, 更新	△	△	○	○	○
	配管類									
直流電源装置	筐体等 (ボックス, キャビネット等)	目視	表示灯の確認	点灯	LED交換 修理, 交換	△	△	○	○	○
			外面の損傷や塗装劣化, 発錆の確認	損傷や塗装劣化, 発錆なし	清掃, 除錆 タッチアップ 交換	−	△	○	○	○
			扉の開閉, 施錠等の確認	スムーズな開閉, 施錠等	清掃, 注油 交換	−	△	○	○	○
			電源ユニットの損傷や劣化, 発錆等の確認	損傷や劣化, 発錆等なし	清掃, 除錆 タッチアップ 修理, 交換	−	△	○	○	○
			端子・避雷器・配線の損傷や劣化, 発錆等の確認			−	△	○	○	○
	電源ユニット (電源装置)		運転ランプ等の表示確認	点灯	交流電路修理 修理, 交換	○	△	○	○	○
			通電量 (電流) (5) 表示確認 単位:A (アンペア)	定格電流以下または設定電流で安定		○	△	○	○	○
			電源電圧 (5) 表示確認 単位:V (ボルト)	定格電流以下または設定電流で安定		○	△	○	○	○
	遠隔モニタリングシステム		稼働状況の確認	電圧・電流・電位が測定値と同等	通電調整 緊急点検 詳細調査	−	△	○	△	○
	出力表示	測定	電源電圧 (電流) (5) 測定	表示値と同じで安定		○	−	○	○	○
	防食効果		鋼材電位測定	防食指標値で安定 (復極量確認)		○	−	○	−	○
	陽極システム		陽極電位測定	運転指標値で安定		○	−	○	−	○
	照合電極		照合電極作動の確認	測定電位が適切な値であり, 安定している		○	−	○	−	○

維持編
Q05

注記
(1) ○:実施を標準, △:できれば実施, ―:不要
(2) 中間点検を行う場合は, 初期点検の項目に準じて行う
(3) 日常点検および臨時点検は, 構造物の管理者が目視によって行うことを標準とする。点検の結果, 詳細調査が必要と判断された場合は, 電気防食に関して専門知識を有する者が詳細調査を行う
(4) 緊急点検は電気防食システムの不具合または変状が確認された場合で, 同時期に施工された類似の電気防食システム等に対して実施するが, 必要に応じて項目を選択する
(5) 通電量 (電流) は通電電流・出力電流, 電源電圧は通電電圧・出力電圧ともいう

維持管理における評価・判定は どのように行うのですか?

Answer

　電気防食工法の維持管理における評価・判定は，電気防食システムの健全性と防食効果の点検結果に基づいて行います。健全性の評価・判定では，電気防食システムの稼働状況や構成する材料・機器類の健全性が，定められた判定基準を満足することを確認します。一方，防食効果の評価・判定では，モニタリングシステムによる電位変化量の測定結果に基づき，「100 mV以上の電位変化量」の防食管理指標を満足することを確認します。ただし，電位変化量で適正に防食効果が判定されない環境下では，十分に検討した後に，下記に示す防食管理指標を設定することもあります。その例として，

　　(1) 鋼材の電位の復極速度が緩やかな場合。

　　(2) 鋼材のオフ電位（自然電位）が通電の継続によってプラス（貴）側に変化している場合。

　　(3) 港湾構造物の下部工に流電陽極方式の電気防食が適用されている場合などがあります。

(1) の場合，「鋼材のインスタントオフ電位が防食電位のマイナス790mV vs.CSEよりマイナス（卑）であること」を防食管理指標とすることができます。

(2) の場合，電気防食工法を長期間適用した環境改善効果と考えられ，「鋼材のオフ電位がマイナス200mV vs.CSEよりプラス（貴）側であること」を防食管理指標とすることができます。

(3) の場合，下部工に設置している流電陽極方式の電気防食を考慮した維持管理を行います。

　具体的な評価・判定の方法については，土木学会コンクリートライブラリー157「電気化学的防食工法指針」を参照してください。

なお，PC 構造物では，水素脆化を考慮する必要があります。

　評価・判定の結果，電気防食システム機能が失われている場合や将来失われ
ると判定された場合には，速やかに詳細調査を実施し，原因を特定し適切な対
策が必要です。

Column 28
エルガード RMV 陽極の橋梁狭隘部への適用

　中空床版橋では，ジョイント部から流れ出た凍結防止剤が下面へ伝わり，橋台と桁間
の狭隘部で塩害劣化が進行します。このような狭隘部の塩害対策に電気防食を適用する
には，橋台上部をはつり，狭隘部を人が作業できるように大きくしてチタンメッシュ陽
極を施工することで可能になりますが，多大な労力と危険を伴います（写真 1）。

　このような狭隘部への電気防食の適用をより簡便に行う施工に RMV 陽極を用いる方
法があります。人が入らずにガイド付き治具で溝を切り，この溝にモルタルを詰め，図
のような陽極押込み治具で RMV 陽極を押し込み，RMV 陽極のスプリング作用で固定
する方法です。

　このような狭隘部への電気防食の適用は，施工面積が小さいため，ソーラー発電など
での電力の供給が可能で，実際にソーラー発電で供用しているものもあります。

写真 1

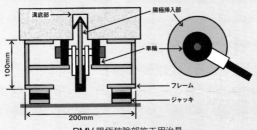

RMV 陽極狭隘部施工用治具

維持編
Q06

187

維持編 Question 07 装置や材料の更新はどのように考えるのですか？

Answer

電気防食システムの装置や材料で，更新が必要なものは以下の通りです。

- （1） 直流電源装置およびその付帯設備
- （2） 陽極システム
- （3） 配線・配管
- （4） モニタリングシステム
- （5） 遠隔モニタリングシステム

更新時期は，使用材料や環境条件により異なります。したがって，構造物の防食期間や更新の容易性などを考慮した，電気防食設備の維持管理計画が重要となります。なお，装置が破損するなどトラブルが発生した場合には，緊急の対応が必要です。➡ **維持編** | **Q08**

（1） 直流電源装置およびその付帯設備

直流電源装置は，100V や 200V などの商用の交流を直流に変換し，防食対象構造物に防食電流を供給します。常時運転しているため，電気回路を構成する付帯設備の一部には，使用期間中にその性能が低下するものが出てきます。例えば，電源装置内の基板，運転ランプ，受電ランプ，警告灯，避雷器，引込計器盤等で，それらの交換は，おおむね 10 年程度を目安としています。

筐体は，直流電源装置や遠隔監視制御装置を収納するボックスです。その材質としては，耐食性に優れたものが用いられ，鋼製，ステンレス製などがあり 20 年程度を更新の目安としています。ただし，鋼製の場合には定期的な塗装が必要です。

（2）　陽極システム

　陽極は，チタンを基材とした複合酸化物電極（MMO電極）が主流で，

➡ **設計編** | **Q15**　で記載されているように長期（40〜100年相当）耐久性があります。しかし，陽極からコンクリートへ電流が流出する時，陽極と陽極被覆材（モルタル等）の界面で電気化学反応が起こるため，陽極被覆材は，陽極より早期に変状を生じる場合があります。施設毎の状況を踏まえ，変状が確認された場合には陽極被覆材の更新が必要となります。

（3）　配線・配管

　配線・配管は，直流電源装置と防食対象部位を結ぶことにより，防食回路やモニタリング回路を構成します。この配線・配管に用いるプラスチック材料は紫外線，金属材料は腐食によって劣化するので，劣化状態に応じて更新が必要となります。特に，通電システムでは，電線材の劣化や結線部の腐食による導通不良を引き起こし，システムの機能停止に至るため，留意する必要があります。使用材料や環境条件により異なりますが，更新は20年程度を目安としています。なお，桟橋で紫外線の影響が少なく，結線部の水密処理が適切であれば，25年以上の供用例もあります。

（4）　モニタリングシステム

　防食効果を確認するモニタリング装置には，照合電極やプローブなどがあります。現在使用されているモニタリング装置は，照合電極が一般的です。照合電極の耐用年数は，電極の種類や環境条件により異なります。鉛照合電極や二酸化マンガン照合電極の場合は，室内促進試験結果から，20年以上の耐用年数が期待されています。しかし，設置環境によっては照合電極内部の水分が枯渇するなどして，安定した電位が計測できなくなることがあります。このような場合には，目安の期間内であっても照合電極の更新が必要です。モニタリングシステムに使用する配線・配管は（3）と同様です。

（5）　遠隔モニタリングシステム

　遠隔モニタリングシステムは，通信回線を用いて直流電源のコントロールや各種データの測定と保存などを，管理室（事務所等）で監視・制御が行えます。このシステムは常時運転しているため，電気回路を構成する部品の一部には，使用期間中にその性能が低下するものが出てきます。また，装置は電子基板回路等で構成されていますので，ハードやソフトの更新が必要になります。この更新は10年程度を目安としています。

Column 29
日本最初のエルガード工法の施工

　我が国で最初にエルガード工法による電気防食を施工した構造物は，沖縄県浦添市にある生コン工場試験室の柱と梁の外面，および海岸にある擁壁の海側外壁で1989年5月にチタンメッシュ方式の電気防食工法を実施しています。

　1991年に新たに開発した電気防食用の被覆材料での再施工を行いましたが，生コン工場試験室は電気防食施工後約15年での建替え工事に伴い通電を終了し，擁壁は約30年経過後の現在も通電を行い，電気防食を継続しています。

　この擁壁への電気防食の適用は，3×3m程度と小規模ですが，20年経過後の追跡調査時点での外観は，写真1のように非電気防食部の劣化が非常に激しいのに対して，非常に健全な外観が維持されています。また，写真2の電気防食端部のはつり試験結果も健全で，勿論，復極量等の電気的性状も健全であることが確認されています。

写真1：電気防食20年後の外観状況

写真2：電気防食端部はつり結果

参考文献
1）沖縄における鉄筋コンクリート建築構造物への電気防食法の適用，コンクリート工学年次論文報告 Vol15　No 4　1993
2）電気防食工法を適用して約20年経過した擁壁の追跡調査報告，土木学会　第66回年次学術講演会 V253　2011

維持編 Question 08 維持管理上の突発的なトラブルにはどのようなものがありますか？

Answer

突発的なトラブルには，以下のようなものがあります。

- （1） 近隣工事での断線事故などによる停電
- （2） 落雷による過大電流での電源装置の故障
- （3） 人的要因による配線・配管の切断，各装置の故障・脱落
- （4） 地震や台風など自然災害による各装置の故障・脱落
- （5） 船舶や流木，車両などの衝突による各装置の故障・損壊

これらのトラブルが発生した際に，被害を最小限に収めるためには，停電情報の事前把握，近隣工事関係者との事前折衝，計画的な定期点検，迅速な臨時点検などを適切に実施することが必要です。また，漏電防止装置や避雷器，警告灯，遠隔モニタリングシステムなどの設置を検討することも必要です。

電気防食工法は，予定の防食期間を通して適切な防食電流を流さなければなりません。これらのトラブルが発生した場合には，速やかに臨時点検を行ってトラブルの原因を特定し，その後の早期復旧に向けた適切な対策を迅速に行うことが肝要です。

特に，通電の再開と電源装置の機能復旧については，なるべく迅速に行わなければなりません。また，通電再開時には必要に応じて分極量試験や復極量試験を実施して，再度適切な防食電流を流すなどの対策が必要です。

維持編 Question 09 電気防食の維持管理では何を記録・保存しなければならないのですか？

Answer

維持管理として記録・保存する資料には，以下のものがあります。

(1) 維持管理計画書（設計上の考え方や設計図書，竣工図などを含む）

(2) 初期点検，日常点検，定期点検，臨時点検，緊急点検，詳細調査結果など

(3) 対策内容と結果

維持管理では，その後の点検に必要な資料として，点検内容を維持管理関係者が参照しやすい形式で記録・保存しなければなりません。その点検内容は，項目別にまとめた点検履歴（状況写真含む）の形式で記録・保存されることが推奨されます。

また，主な記録項目に，点検日時と気温，点検場所，各装置の状態，劣化・損傷の種類および範囲，通電電圧・電流（電源電圧・電流），鋼材と陽極の電位（オン電位・インスタントオフ電位・オフ電位），復極量計算結果（参考：分極量計算結果），通電調整の有無，通電調整有りの場合は，再設定電圧または電流，および点検結果に対する評価・判定，評価・判定の結果への対策方法などがあります。

陽極の追加や回路分け，電源装置の容量アップや追加など，何らかの対策を講じた場合は，その内容と結果を記録として保存します。

索引

日本エルガード協会

日本エルガード協会は,コンクリート構造物の電気防食工法"エルガードシステム"(世界 25 ヵ国,百数十万㎡の実績)を核とした電気防食工法の普及,電気防食関連事項の研究開発,技術の研鑽を目的に設立。協会会員は,マリコン,PC 橋梁メーカー,補修専業会社,電気防食専門会社など,コンクリート構造物の塩害について豊富な経験を持つ会員から構成,また,コンサルタント会社で構成する電気防食技術研究会では,エルガード工法の枠にとらわれず,電気防食技術全般に関する技術の研鑽と,協会会員を交えた技術研修会による実務レベルでの諸問題をテーマに活動。

https://www.elgard.com/

<事務局>

〒 105-8641 東京都港区東新橋 1-9-2 汐留住友ビル 20F(住友大阪セメント 株式会社 建材事業部内)
電話:03-6370-2722 FAX:03-6370-2758

本文イラスト:須賀原よし人

改訂版 コンクリート構造物の電気防食 Q&A

2023 年 9 月 22 日 初版第 1 刷発行　　　　　　　　　定価はカバーに表示してあります

編者:日本エルガード協会
発行者:三浦 祐成

発行所:新建新聞社

東京本社 ｜ 〒 102-0083 東京都千代田区麹町 2-3-3 FDC 麹町ビル 7 階
　　　　｜ Tel 03-3556-5525 Fax 03-3556-5526
長野本社 ｜ 〒 380-8622 長野県長野市南県町 686-8
　　　　｜ Tel 026-234-4124 Fax 026-234-1445

印刷所:美研プリンティング 株式会社

©Shinken Press2023　Printed in Japan
ISBN978-4-86527-135-5 C3051
乱丁,落丁本はお取替えいたします。
本書の一部あるいは全部を無断で複写・複製・転載することを禁じます。